TURING 图灵新知

U0683836

一口气读完的
数学史

从手指计数到AI文明

[日] 矢野健太郎 —— 著　　逸宁 —— 译

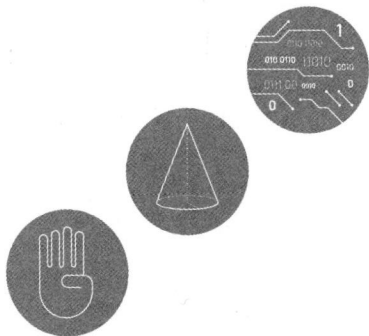

人民邮电出版社

北　京

图书在版编目（CIP）数据

一口气读完的数学史：从手指计数到AI文明／（日）矢野健太郎著；逸宁译． -- 北京：人民邮电出版社，2025． --（图灵新知）． -- ISBN 978-7-115-66868-4

Ⅰ．011

中国国家版本馆 CIP 数据核字第 2025PV1847 号

内 容 提 要

　　本书引领读者追溯数学发展的历史脉络，从史前时代开始，重点探讨了数学历史转折点上涌现的众多思想及其演进过程，并介绍了那些以非凡创意影响历史进程的数学家。书中阐释了数学与物质世界之间的联系，探讨了数学的本质及其对人类生活的深远意义。本书内容通俗易懂且富有趣味性，为读者呈现了一幅真实且迷人的数学历史画卷，展现了数学跨越时代的永恒魅力。

◆ 著　　　　[日] 矢野健太郎
　　译　　　　逸　宁
　　责任编辑　魏勇俊
　　责任印制　胡　南

◆ 人民邮电出版社出版发行　　北京市丰台区成寿寺路11号
　　邮编　100164　　电子邮件　315@ptpress.com.cn
　　网址　https://www.ptpress.com.cn
　　三河市君旺印务有限公司印刷

◆ 开本　800×1000　1/32
　　印张　7.5　　　　　　　　　　2025 年 7 月第 1 版
　　字数　116 千字　　　　　　　2025 年 10 月河北第 5 次印刷

定价：49.80元
读者服务热线：(010)84084456-6009　印装质量热线：(010)81055316
反盗版热线：(010)81055315

版权声明

前　言

日本的学生在小学阶段学习算术，初中阶段学习代数和几何，到了高中阶段学习解析几何和微积分。在各个学习阶段，数学教师在教学中都表现出了极大的耐心和热诚。

令人欣慰的是，数学教育从业者的辛勤付出，也使得基础教育阶段的数学教学方法越来越受重视。

尽管如此，我们不得不承认，有的学生在学校学习数学时，会得到一种令人失望的结果，即觉得数学是一门难以掌握且枯燥无味的学科。

因此，我认为数学教育的关键在于找出造成这种局面的根本原因。我现在意识到的原因之一是，在教师教数学知识的时候，很多学生可能过于关注计算方法和技巧等细节问题，而忽略了自己大概率只是个普通人，将来未必从事科学技术研究的客观事实。

然而，当我们回顾数学的发展历程时，会发现它的本质并非仅仅是计算方法和技巧的积累，而更是一部蕴含思想和文化的历史。

对于那些有志于将来从事科学技术研究的人而言，数学的计算方法和技巧是不可或缺的基本技能，而对于绝大多数普通人而言，则不是非掌握不可的。

如果把数学史视为一部宏大的思想史，那么数学的发展历程便能清晰地展现在你的眼前。我相信，数学的发展历程一定能让你对数学产生浓厚的兴趣。

我在本书中回顾了数学史上重大变革时期涌现的各种思想。从史前时代人类如何产生数的概念开始，依次介绍古希腊数学、中世纪的数学，以及 17 世纪的数学。

曾在 17 世纪经历重大变革的数学，到了 20 世纪又出现了新的转折点。单凭本书囊括数学发展的全部历程显然不现实，但我在最后还是用三章内容分别介绍了拓扑学、集合和概率论。

我撰写本书的心愿是让读者大致了解数学的发展历程，并提升对数学的兴趣。

矢野健太郎

1964 年 7 月

目　录

第 1 章　史前数学

1. 人类对数的认识

经历了漫长的时间

对数的认识是人类社会生活中不可或缺的宝贵财富，这是一个不言自明的事实。

动物心理学家的实验表明，除了人类，几乎所有动物都不具备对数的理解能力。似乎可以说，数是人类独有的认知成果。

不过，最早出现在地球上的人类并没有数的概念。后来，人类祖先在参与社会生活的过程中，逐渐意识到数的必要性。经历了漫长的时间，人类才对数有了一定的认识。

探索数的起源

人类对数的认识最早出现在史前时代，因此若想调查研究人类如何建立对数的认识及数的发展历程，并非一件简单的事情。

不过，有两种对此开展调查研究的巧妙方法。第一种方法是调查现在地球上保存的关于数的思想观点。第二种方法是从现代语言中寻找古人对数进行认识的痕迹。

　　大批学者按照第一种方法，在马来群岛、南美洲、非洲和澳大利亚等地的原始部落开启了关于数的探索之旅。下面我将介绍其中几名学者的调研成果。

2 以上的数被视为"很多"

　　这些学者的学术报告反映出南美洲和澳大利亚等地存在一种令人惊讶的现象，那就是这些地方仅有 1 和 2 这两个数字，但凡超过 2 就被视为"很多"。

　　通过这个例子可以看出，人类获得对数的认识是多么困难的事。甚至有人认为，我们现在使用的很多语言中仍保留着这一痕迹。例如，英语中的 thrice 一词就很有代表性。它不仅表示"三次"或"三回"的意思，同时也具有"多次、非常"的意思。因此，这也是我们的祖先将 2 以上的数字视为"很多"的一个证据。

称 3 为"2 和 1"

　　托雷斯海峡岛民只掌握 1（netatto）和 2（neisu）这两个数字，当他们需要处理更大的数时，就用"2 和 1"表示 3（neisu netatto），用"2 和 2"表示 4（neisu neisu）。也就是说，他们把 3 称为"2 和 1"，把 4 称为"2 和 2"，以此类推，直到 6 都是用 1 和 2 的不同组合来表示的。

此外，还有一种表现形式同样仅含 1 和 2 这两个数字，其中 1 为 urapan，2 为 okosa，由它们组成的更大的数如下所示。

3　okosa urapan

4　okosa okosa

5　okosa okosa urapan

6　okosa okosa okosa

在树干上做标记

但是，他们总有面对更大的数的时候。例如，某人拥有 7 只家畜。因为没有表示 7 的数字，所以他无法将家畜数量统计为 7 只。于是，他在树干上做标记，以便记住家畜的数量。

具体来说，他采用每有 1 只家畜就在树干上标 1 个记号的方式来对家畜的数量进行统计和记录。他的家畜与树干上的标记是一一对应的关系。

英语中的 tally 一词除了具有"标记"的意思，还有"计数、计算、得分"等意思。可以说，该词就是早期人类利用这种做标记的方式记录数量甚至计算的证据。

通过摆放小石子的方式进行记录和计算

另外，还有通过摆放小石子进行记录和计算的方式。

假设某人拥有 12 只家畜。为了记录这个比较大的数，他摆放 1 颗小石子对应 1 只家畜。那么，从我们的视角来看，他应该摆放了 12 颗小石子。他的家畜与这些小石子是一一对应的关系，他通过这种方式统计和记录家畜的数量。

对于英语中的 calculus 一词，它在医学领域表示"结石"的意思。calculus 原来意为"小石子"，如今则表示"计算"的意思。可以说，这就是过去人类使用小石子记录数量，并利用小石子进行计算的证据。

利用身体的各个部位

早期人类就是如此利用一一对应的替代方式记录物体数量的，但并非总能在身边找到合适的替代品。后来，他们在遇到此类情况时，选择利用自己身体的各个部位进行统计和记录。例如，新几内亚岛东北地区的人们就是利用自己身体的各个部位按照以下对应关系来记数的。

1　右手小指

2　右手无名指

3　右手中指

4　右手食指

5　右手拇指

6　右手腕

7　右手肘

8　右肩

9　右耳

10　右眼

11　左眼

12　鼻子

13　嘴巴

14　左耳

15　左肩

16　左手肘

17　左手腕

18　左手拇指

19　左手食指

20　左手中指

21　左手无名指

22　左手小指

2. 掰手指

用一只手来表示 5

在树上做标记、摆放小石子、利用自己身体的各个部位来记数和记录——人类在不断积累这种一一对应的统计经验的过程中，发现了利用手指和脚趾来记数更为便利。

首先，应该是弯曲或伸直手指来数 1、2、3、4。当数到 5 的时候，一只手的手指就用完了。

我们现在使用的语言中也保留着很多能说明最初的 5 和"一只手"表示相同数量的证据。

从双手到十进制

格陵兰岛上的人对 5 以上的数的记数方式如下所示。

6　一只手和 1

7　一只手和 2

8　一只手和 3

9　一只手和 4

10　两只手

另外，阿皮亚语中也有类似的记数方式，都是用一只手来表示数到 5，因此可以说他们采用的是五进制的记数方法。

1　tai

2　rua

3　toru

4　bari

5　runa（单手）

6　o tai

7　o rua

8　o roru

9　o bari

10　rua runa（双手）

虽然把 5 个视为一个整体是一种巧妙的记数方法，但作为一个整体，5 似乎太小了。于是，用双手代替单手，数到 10 时才将其视为一个整体的记数方法应运而生。这就是我们现在所使用的十进制。

用双手和双脚来表示 20

如此一来，他们使用双手便解决了数到 10 的问题。当用完双手后依然还有要数的物体时，脚趾就该派上用场了。

例如，格陵兰岛上的一个人就能完成下面的记数任务。

11　双手和一个脚趾

12　双手和两个脚趾

13　双手和三个脚趾

14　双手和四个脚趾

15　双手和一只脚

16　双手、一只脚和一个脚趾

17　双手、一只脚和两个脚趾

18　双手、一只脚和三个脚趾

19　双手、一只脚和四个脚趾

20　双手和双脚

在这个例子中，当一个人把自己的双手和双脚全都用上，也就是数到 20 时，可以将其视为一个整体，因此可以说这种记数方法为二十进制。

如果数到 20 后还没有数完的话，他就会再找一个人，按照下面的方式继续数，直到数完为止。

21　一个人和另外一个人的一根手指

22 一个人和另外一个人的两根手指

23 一个人和另外一个人的三根手指

……

大量证据表明，早期人类也曾使用过二十进制的记数方法。

用木牌代替树干

如前文所述，以在树干上做标记的方式来统计数量时，称标记为 tally。tally 除了具有"标记"的意思，还有"记数、计算、得分"等意思。

然而，树干的位置是固定的，存在不能移动等不便之处。如果同样采用做标记的形式来记数，要是能把树干换成可以随意携带的木牌就方便多了。因此，带有记数标记的符板也叫作 tally。

在前文提到的一个人就能完成记数任务的情况下，也就是数到 20 就结束的时候，也可以在符板上做一个标记。

那么，tally 这个词有时也表示记数单位。例如，如果讲英语的人说出"……17、18、19、tally"的话，这里的 tally 就表示 20 的意思。

记数方式历史的代名词 score

英语中还有一个词: score。人们普遍认为该词在展现人类的记数方式方面最具代表性。

首先，该词具有"标记、符板"的意思。因此，score 与前文提到的 tally 具有完全相同的意思。

其次，score 还有"计算"的意思。当然，记数的词语被用来表示计算也在情理之中。

然后，score 还有"得分"的意思。如"早稻田大学在早庆战[①] 中以 5 比 4 的 score 获胜时"，这里的 score 就表示得分。

人生七十年

此外，score 还有 20 的意思。在英语中，通常使用 twenty 来表示 20。显然，它是由 2 和 10 (two 和 ten) 组合而成的，也就是说，10 的 2 倍即 20。

不过，score 很少单独用于表示 20，而是往往用于一些较为特别的表达中。词典中举出了 three score and ten 的例子，它的意思是 20 的 3 倍加 10，即 70。

---

① 早稻田大学与庆应义塾大学之间的对决，比赛项目主要以体育运动为主，如棒球、足球、赛艇等。

日本曾有"人生五十年"的说法，而英国对应的说法则是"人生七十年"，而且其表达形式也如此特别。

20 是一个较大的数

score 这个词还有"许多"的意思。这就意味着，对于很久以前的人来说，20 已经是很大的数了。

如今英语中的 scores of times 表示"许多次"的意思，scores of scores 则表示"多得不得了"的意思。

法语中有个与英语中的 score 相对应的词——vingt。如前文所述，英语中的 score 很少在日常对话中表示 20 的意思。相反，法语的 vingt 却经常在一般的对话中出现。例如，quatre-vingts 表示 20 的 4 倍，即 80。再如，quatre-vingt-dix 表示 20 的 4 倍加 10，即 90。

法国人喜欢使用 20 以示特别

法国人经常使用 vingt sous 这个稍显特别的表达方式。这里的 sous 表示 5 生丁。因此，vingt sous 表示 20 sous，即 5 生丁的 20 倍。因为 100 生丁等于 1 法郎，所以 vingt sous 表示 1 法郎。

此外，法国人把一支由 220 人组成的警察队伍叫作

onze-vingts。在法语中 onze 表示 11，所以 onze-vingts 表示 20 的 11 倍，即 220。

法国巴黎的荣军院在建造之初计划容纳 300 人，它有个奇特的名字：Quinze-vingts。在法语中，quinze 表示 15，所以 Quinze-vingts 表示 20 的 15 倍，即 300。

3. 使用手指计算

这是一种基本素质

如前文所述，我们的祖先就是如此获得了对数的认识。他们在充分利用双手和双脚的过程中，对数的理解也越发深入。

总的来说，形成了以下三种思想：当用完一只手的时候，意味着数到了 5，这就发展成将其视为一个整体的五进制；当用完双手的时候，意味着数到了 10，这就发展成将其视为一个整体的十进制；当用完双手和双脚的时候，意味着数到了 20，这就发展成将其视为一个整体的二十进制。然而，对于一个整体而言，5 太小了，而 20 又太大了，所以居于二者中间的 10 便成了人们青睐的选择，于是十进制成了我们的祖先主要使用的记数方法。

在数学史上，手指的应用如此广泛，以至于人们普遍认为善于使用手指进行计算是一种基本素质。下面简单介绍几个巧妙使用手指进行计算的技能。

张开双手，弯曲一根手指

首先是求解任意数与 9 的乘积的巧妙方法。例如，当我们想知道 2 乘以 9 的答案时，可以张开双手，然后弯曲从左向右数的第二根手指。此时，弯曲手指的左边有 1 根伸直的手指，弯曲手指的右边有 8 根伸直的手指。于是，2 乘以 9 的答案便是 18。

同样，当我们想知道 3 乘以 9 的答案时，依然先张开双手，然后弯曲从左向右数的第三根手指。此时，弯曲手指的左边有 2 根伸直的手指，弯曲手指的右边有 7 根伸直的手指。所以，3 乘以 9 的答案为 27。这是一种非常巧妙的计算方法，你明白其背后的原理吗？

为何能够如此得到答案

任意数乘以 9 的答案如下。

$$1 \times 9 = 9$$
$$2 \times 9 = 18$$
$$3 \times 9 = 27$$
$$4 \times 9 = 36$$
$$5 \times 9 = 45$$
$$6 \times 9 = 54$$
$$7 \times 9 = 63$$
$$8 \times 9 = 72$$
$$9 \times 9 = 81$$

通过观察以上等式，我们可以从中发现两点规律：一是任意数与 9 的乘积十位上的数字比该数本身小 1；二是乘积十位上的数字与个位上的数字相加等于 9。

如果想知道 3 乘以 9 的结果，我们可以张开双手，然后弯曲从左向右数的第三根手指，其左边伸直的手指个数为比 3 小 1 的 2，所以它表示乘积十位上的数字。

另外，因为我们只弯曲了 10 根手指中的 1 根，所以共有 9 根手指是伸直的。因此，弯曲的手指右边的手指个数表示乘积个位上的数字。

大于 5 的两个数的乘法运算

下面我再介绍一个例子，说明如何使用手指完成大于 5 的两个数的乘法运算。

求解 6 乘以 8 的结果。首先，张开左手，将其视为 5，嘴里说着 6，同时弯曲 1 根手指。然后，张开右手，将其视为 5，嘴里数着 6、7、8，同时弯曲 3 根手指。

此时，左手有 1 根手指是弯曲的，右手有 3 根手指是弯曲的。1 加 3 的和为 4，它就是 6 与 8 的乘积十位上的数字。

同时，左右两手伸直的手指个数分别为 4 和 2，4
与 2 的乘积为 8，它就是 6 与 8 的乘积个位上的数字。

$$6 \times 8$$
$$1+3=4, \quad 4 \times 2 = 8$$

因此，利用该方法可以求得 6 乘以 8 的结果为 48。

再举个例子。这次换成求解 7 乘以 9 的结果。首
先，先张开左手，将其视为 5，嘴里数着 6、7，同时
弯曲 2 根手指。然后，张开右手并将其视为 5，嘴里数
着 6、7、8、9，同时弯曲 4 根手指。

那么，此时左右两手弯曲的手指个数分别为 2 和
4，2 加 4 的和为 6，6 就是 7 与 9 的乘积十位上的数
字。同时，左右两手伸直的手指个数分别为 3 和 1，3
与 1 的乘积为 3，3 就是 7 与 9 的乘积个位上的数字。

$$7 \times 9$$
$$2+4=6, \quad 3 \times 1 = 3$$

因此，7 乘以 9 的结果为 63。

如此获取答案的理由

假设左手弯曲手指的个数为 x，右手弯曲手指的个
数为 y，我们进行下列计算。

$$(5+x)(5+y)$$

通过验算，我们可知下列算式是成立的。

$$(5+x)(5+y)$$
$$= 10(x+y) + (5-x)(5-y)$$

根据该算式可知，大于 5 的两个数的乘积十位上的数字为弯曲的手指个数 x 与 y 的和，乘积个位上的数字为伸直的手指个数 $5-x$ 与 $5-y$ 的乘积。

第 2 章　古代数学

1. 古埃及数学

预防洪涝灾害的天文学

众所周知，人类的历史，尤其是人类的早期文明往往起源于大河流域，例如古埃及的尼罗河、古巴比伦的底格里斯河和幼发拉底河、印度的印度河和中国的黄河等。

住在尼罗河下游的古埃及人每逢雨季都会遭受洪水泛滥带来的灾害，但同时洪水也会把上游的肥沃土壤带到下游，所以洪水所经之处都变成了非常利于农作物生长的土地。尼罗河流域也因此成为世界文明的发源地之一。

古埃及人的第一要务是预防尼罗河带来的周期性洪涝灾害。据说他们通过观察天体的运行规律研究天文学，从中确定了一年的天数为 365 又 1/4。

司绳与几何学的起源

由于执政者下令必须根据洪水受灾程度调整税收，因此古埃及的计算技术也随之发展起来。

因为每次洪水泛滥都会冲毁划分好的田地，所以古埃及人不得不在洪灾后重新确定他们的田地边界。他们学会了使用绳子测量土地的方法。操纵绳子的测量师叫作"司绳"。

如今，几何学的英文是 geometry，该单词中的 geo 表示土地，metry 表示测量。这就是几何学的起源。

我们可以从罗塞塔石碑和《莱因德纸草书》中找到古埃及数学的相关线索。

罗塞塔石碑上的神秘文字

1799 年，拿破仑率军在古埃及远征时期，一名法国工兵在挖掘圣朱利安的要塞时，发现了一块刻有神秘文字的石碑。这名工兵认为石碑表面刻的可能是古埃及文字，于是将其列入了法国的战利品。

然而，两年后的 1801 年，拿破仑大军被英国打败，这块石碑又落到了英国军队的手里，至今仍保存在大英博物馆。因为这块石碑是在尼罗河三角洲的罗塞塔港湾附近发现的，所以被人们称为罗塞塔石碑。

尽管人们发现了这块蕴藏古埃及文化的石碑，但当时没人知道石碑表面所刻的神秘文字是什么意思。直到 1814 年，英国医生、物理学家托马斯·杨（1773—1829）开始研究罗塞塔石碑上的文字。经过数年的钻研，托马斯·杨解读出其中大约 100 字的内容。后来，法国考古学家商博良（1790—1832）经过多年努力，于 1824 年破译了石碑上的所有文字，历史为这一刻等待了 20 余年。

1 至 9 的记数符号

下面我来介绍一下古埃及人使用的数字。如下图所示，他们用一个棍棒状的符号表示 1，然后罗列出相应数量的棍棒状符号来表示 2 至 9。

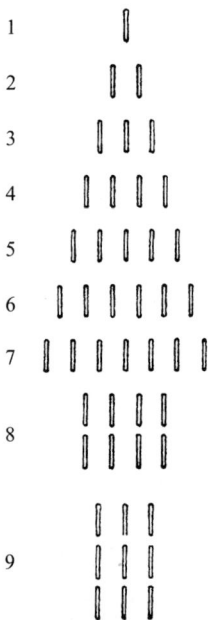

10 至 90 的记数符号

当需要表示 10 的时候，就要引入新的符号∩了。

表示 20 至 90 时只需罗列相应数量的表示 10 的符号∩即可。

10	20
11	30
12	40
13	50
14	60
15	70
16	80
17	90
18	
19	

每逢数位升高便引入新符号

接下来该轮到 100 登场了，古埃及人使用符号 𝒞 来表示 100。

对于古埃及数字而言，在十进制的记数体系中，每逢数位升高一个级别就引入一个新符号。下面是所有的古埃及记数符号。

100	𝒞		
200	𝒞𝒞		
300	𝒞𝒞𝒞	1	|
400	𝒞𝒞 𝒞𝒞	10	∩
500	𝒞𝒞𝒞 𝒞𝒞	100	𝒞
600	𝒞𝒞𝒞 𝒞𝒞𝒞	1000	𝄞
700	𝒞𝒞𝒞𝒞 𝒞𝒞𝒞	10 000	⟩
800	𝒞𝒞𝒞𝒞 𝒞𝒞𝒞𝒞	100 000	🐦
900	𝒞𝒞𝒞 𝒞𝒞𝒞 𝒞𝒞𝒞	1 000 000	𓁨
		10 000 000	Ω

四千年前的数学书

公元八九世纪，尼罗河一带的湿地和浅水区生长着一种如今在当地已经近乎绝迹的草——纸莎草。古埃及人将这种草的茎制作成一种纸，并在上面做记录。现在英语中的 paper 的词源便是纸莎草（papyrus）。

19 世纪中叶，英国的莱因德（1833—1863）在埃及发现了后来以他名字命名的《莱因德纸草书》这部纸草文献。如今它与罗塞塔石碑都陈列在大英博物馆。这部纸草书是由古埃及的书记官阿默斯在公元前 1650 年前后所抄写，他在书中记录了以往掌握的数学知识。因此，纸莎草也被称为"莱因德纸莎草"或"阿默斯纸莎草"。

猜谜般的答案

阿默斯写的纸草书首先罗列的是 2 除以 5、2 除以 7、2 除以 9……这样的问题。这些问题的答案如下。

$$\frac{2}{5} = \frac{1}{3} + \frac{1}{15}$$

$$\frac{2}{7} = \frac{1}{4} + \frac{1}{28}$$

$$\frac{2}{9} = \frac{1}{5} + \frac{1}{45}$$

……

由此可见，这些问题的答案为分子均为 1 而分母各异的分数之和。

如果让现在的小学生来回答 2 除以 5 的问题，他们可能会按照下图所示的方式，把 2 排列成两行 1，然后对 1 进行 5 等分。

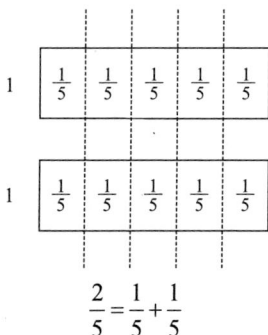

$$\frac{2}{5} = \frac{1}{5} + \frac{1}{5}$$

然而，古埃及人首先将 1 视为 3 个 $\frac{1}{3}$，所以，如下图所示，2 则为 6 个 $\frac{1}{3}$。因此，2 除以 5 相当于 6 个 $\frac{1}{3}$ 除以 5。

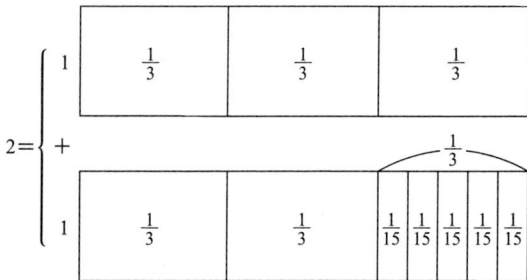

6 个 $\dfrac{1}{3}$ 除以 5 的结果为 $\dfrac{1}{3}$ 加 1 个须被 5 除的 $\dfrac{1}{3}$。于是，$\dfrac{2}{5}$ 便为 $\dfrac{1}{3}$ 与 $\dfrac{1}{15}$ 的和。

若用算式表达上述计算过程，则为

$$2 = (\dfrac{1}{3} \times 3) \times 2$$

$$= \dfrac{1}{3} \times 6$$

于是

$$\dfrac{2}{5} = \dfrac{\dfrac{1}{3} \times 6}{5}$$

$$= \dfrac{\dfrac{1}{3} \times (5+1)}{5}$$

$$= \dfrac{1}{3} + \dfrac{\dfrac{1}{3}}{5}$$

$$= \dfrac{1}{3} + \dfrac{1}{15}$$

因此

$$\dfrac{2}{5} = \dfrac{1}{3} + \dfrac{1}{15}$$

假设法

阿默斯的纸草书中也有下面这样的问题。

"已知某个数与它的 $\frac{1}{3}$ 的和等于 16,求该数是多少。"

同样,如果让现在的小学生来回答,那么他们可能会说:"某个数加上它的 $\frac{1}{3}$ 等于该数的 $\frac{4}{3}$。因为它们的和为 16,所以 $16 \div \frac{4}{3} = 16 \times \frac{3}{4} = 12$,即该数为 12。"

如果让现在的中学生来回答,他们可能会令某个数为 x,因为 $x + \frac{1}{3}x = 16$,$\frac{4}{3}x = 16$,所以 $x = 12$。

然而,阿默斯的纸草书中使用的巧妙解法为"假设某个数为 3,那么该数与它的 $\frac{1}{3}$ 的和等于 4。然而,实际的结果 16 是 4 的 4 倍。所以,该数也应该是假设数 3 的 4 倍,即 12。"这种解题方法叫作假设法。

圆周率的发现

阿默斯的纸草书中还记载了三角形面积、金字塔体积的求解方法等内容,不过最引人入胜的恐怕要数求圆的面积。书中的解法为"圆的面积等于将圆的直径减去它的 $\frac{1}{9}$ 之后再平方。"下面我们利用该方法求半径为 1 的圆的面积。

因为直径 2 减去它的 $\frac{1}{9}$ 等于 $\frac{16}{9}$，所以再平方的结果为

$$\left(\frac{16}{9}\right)^2 = \frac{256}{81} = 3.1604\cdots$$

半径为 1 的圆的面积正好等于圆周率。所以，古埃及人把圆周率定为 3.1604…。

2. 古巴比伦数学

屹立在伊朗高原上的岩石文字

底格里斯河和幼发拉底河之间的区域过去被称为美索不达米亚（意为"两河之间的土地"），也就是现今的伊拉克。距今五千年前，苏美尔人居于此地，并创造出辉煌的文明。在那一千年后，古巴比伦人移居至此，继承了苏美尔人的文明。在书写介质方面，与古埃及人使用纸莎草不同，这里的人使用棍棒的尖头在黏土泥板上书写。

在伊拉克的邻国伊朗的厄尔布尔士山脉南部，有一个叫贝希斯敦的村庄。该村庄过去被认为拥有璀璨文明之地，然而如今我们发现，它只不过是商队歇脚的地方。

贝希斯敦的周围是一片高原，高原的正中央有一块巨大的岩石，上面雕刻着细小的符号。当地人曾认为这是过去的神在岩石上雕刻的神秘文字。不过，英国军人罗林森（1810—1895）坚信这是古巴比伦人所为。他将铭文抄录下来，经过十多年的研究最终成功破译铭文内容。

下面我来介绍一下铭文中出现的数字。

表示数字的楔形符号

首先，1 由一个楔形文字 **Y** 表示。然后，罗列相应数量的 **Y** 来表示 2 至 9，这种类推方法与古埃及人的操作如出一辙。

当数到 10 的时候，则要把表示 1 的 **Y** 横过来变成 **◂**。1 到 19 的表示方法如下所示。

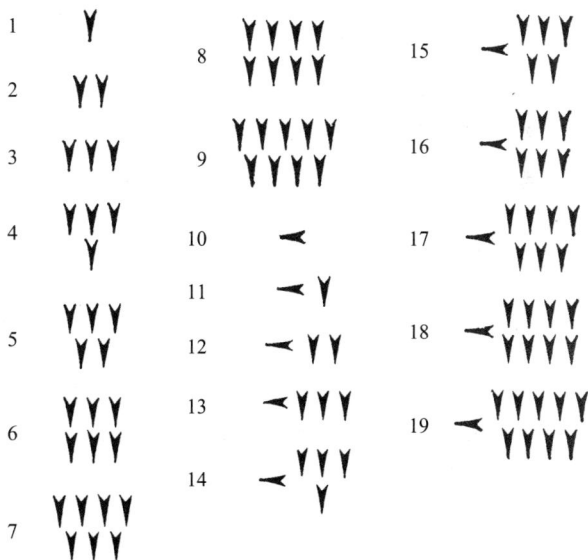

对于 10 的倍数，从 20 开始直到 90 的表示方法如下所示。

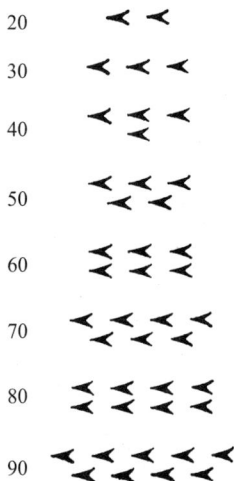

当数到 100 的时候，则要表示为

显然，这是一种基于十进制的记数方法。

8 × 8 = 1.4

但是，在古巴比伦的记录中却包含下面这个奇怪的乘法表。

$$1 \times 1 = 1$$
$$2 \times 2 = 4$$
$$3 \times 3 = 9$$
$$4 \times 4 = 16$$
$$5 \times 5 = 25$$
$$6 \times 6 = 36$$
$$7 \times 7 = 49$$
$$8 \times 8 = 1.4$$
$$9 \times 9 = 1.21$$
$$10 \times 10 = 1.40$$
$$11 \times 11 = 2.1$$
$$12 \times 12 = 2.24$$
$$13 \times 13 = 2.49$$
$$14 \times 14 = 3.16$$
$$15 \times 15 = 3.45$$
······

在这个乘法表中，截至 7 乘以 7 等于 49 都是正常的结果，而从 8 乘以 8 的结果为 1.4 开始，这个表就变得奇怪了。后面的结果全都不太正常。

十进制与六十进制的并用

因为正常情况下 8 乘以 8 等于 64，所以面对 1.4 的奇怪结果，我们不得不把 1 视为 60。既然 9 乘以 9 的结果为 1.21，那么这里的 1 也同样代表 60。之后的乘积结果也意味着 1 表示 60，因为如果认为 2 表示 60 的 2 倍、3 表示 60 的 3 倍，那么后面的所有结果就都说得通了。

因此，古巴比伦人在记数的时候不仅使用了十进制的记数方法，还并用了六十进制的记数方法。

那么，这种数到 60 就将其视为一个整体的方法是如何出现的呢？下面的猜想或许可以解释这一点。

60 这个数非常重要

首先，古巴比伦人认为一年有 360 天。他们用围绕一点转一圈即整个圆周表示一年。众所周知，以一点为圆心，取任意半径画圆，然后以圆的半径为单位，从圆周上某点开始作圆的内接线段，作出六条后正好回到起点。线段与圆的交点将圆周六等分，每一份都是整个圆周的 $\frac{1}{6}$，也就是 360 的 $\frac{1}{6}$。因此，他们将 60 视为非常重要的数，并在记数时用了将 60 视为一个整体的六十进制。

在现代角度计量体系里，1 周等于 360°、1 度等于 60′、1 分等于 60″，人们普遍认为，角度的换算方法就源于此。

等差数列与等比数列

古巴比伦人的另一个重大发现是等差数列和等比数列。

$$1, 3, 5, 7, 9, \cdots$$
$$1, 2, 4, 8, 16, \cdots$$

对于这两组数列，想必你能快速说出它们分别以怎样的规律排列。在第一组数列中，从最初的 1 开始依次累加相同的数值 2；在第二组数列中，从最初的 1 开始依次累乘相同的数值 2。

一般情况下，按照一定顺序排列的一列数叫作数列。如果一个数列从第二项起，每一项与它前一项的差都等于同一个常数，那么这个数列就叫作等差数列，这个常数叫作等差数列的公差。排在数列最前面的数叫作首项，如果数列存在最后一项，则称最后一项为末项。此外，如果一个数列从第二项起，每一项与它前一项的比都是一个常数，那么这个数列就叫作等比数列，这个常数叫作等比数列的公比。同样，排在数列最前面的数叫作首项，最后一项为末项。

在前面的例子中，第一个数列是首项为 1、公差为 2 的等差数列；第二个数列是首项为 1、公比为 2 的等比数列。另外，等差数列也叫作算术数列，等比数列也叫作几何数列。

等差数列之和

想必你已经掌握了等差数列的求和方法。若要计算等差数列从首项到末项的和，只需用首项与末项的和乘以项数再除以 2 即可。让我们用下例给出的等差数列来证明这一点吧。

从 1 开始，逐项增加 2 的等差数列为 1, 3, 5, 7, …。假设要求该等差数列从第一项 1 到第十项 19 的和，如下列算式所示，在该等差数列下方列出与其排列顺序相反的数列，并使上下两列一一对应，令两组数列纵向相加，结果均为 20，共得到十个 20。

因此，答案为 20 的 10 倍除以 2，即 100。

$$1 + 3 + 5 + 7 + 9 + 11 + 13 + 15 + 17 + 19$$
$$19 + 17 + 15 + 13 + 11 + 9 + 7 + 5 + 3 + 1$$

$$20 + 20 + 20 + 20 + 20 + 20 + 20 + 20 + 20 + 20$$

$$\underbrace{\qquad\qquad\qquad\qquad\qquad\qquad}_{10 \text{ 个}}$$

$$= 20 \times 10 = 200$$

等比数列之和

那么，等比数列从首项到末项相加的计算方法又是怎样的呢？例如从 1 开始，逐项乘以 2 的等比数列为 1, 2, 4, 8, …，若要求该等比数列从第一项 1 到第十项 512 的和，则如下列算式所示，先列出等比数列之和的 2 倍，然后减去原来的等比数列之和，结果为末项 512 的 2 倍减去首项 1。

等比数列之和为

$1 + 2 + 4 + 8 + 16 + 32 + 64 + 128 + 256 + 512$

它的 2 倍为

$2 + 4 + 8 + 16 + 32 + 64 + 128 + 256 + 512 + 1024$

因此，等比数列之和为 1024 − 1，即 1023。

3. 泰勒斯

用首字母表示的古希腊数字

前面介绍了地中海沿岸的古埃及，它的对岸便是古希腊。古希腊气候温暖，适宜人类居住，又因为与古埃及、古巴比伦的交通比较便利，所以很快就引入了这两个古国的文化，在公元前一二世纪建立起了璀璨的文明。

对于 1 至 4 的数字，古希腊与古埃及一样，都是摆放相应数量的棍棒状符号来表示。

5 则用古希腊文表示 5 的词语的首字母 Γ 来表示。6 至 9 则表示如下。

1　|	5　Γ
2　||	6　Γ|
3　|||	7　Γ||
	8　Γ|||
4　||||	9　Γ||||

50 的表示方法

数字 10 同样用古希腊文表示 10 的词语的首字母 Δ 来表示。10 至 19 表示如下。

10　　Δ

11　　Δ Ι

12　　Δ Ι Ι

13　　Δ Ι Ι Ι

14　　Δ Ι Ι Ι Ι

15　　Δ Γ

16　　Δ Γ Ι

17　　Δ Γ Ι Ι

18　　Δ Γ Ι Ι Ι

19　　Δ Γ Ι Ι Ι Ι

20 至 40 表示如下。

20　　Δ Δ

30　　Δ Δ Δ

40　　Δ Δ Δ Δ

因为 50 为 △ 乘以 Γ，所以用新的符号 Γ 来表示。50 至 90 表示如下。

50	Γ
60	Γ△
70	Γ△△
80	Γ△△△
90	Γ△△△△

五进制与十进制的并用

100 也是用古希腊文表示 100 的词语的首字母 H 来表示。100 至 400 表示如下。

100	H
200	HH
300	HHH
400	HHHH

500 可看作 H 乘以 Γ，所以用新的符号 Γ 来表示。500 至 900 表示如下。

500	$\digamma$
600	$\digamma$H
700	$\digamma$HH
800	$\digamma$HHH
900	$\digamma$HHHH

　　总之，古希腊数字也是五进制与十进制并用的。

西方哲学鼻祖、古希腊数学之父

　　随着古希腊与古埃及、古巴比伦的交通日益便利，小亚细亚的爱奥尼亚率先开创了古希腊文明。这里我们不得不提的爱奥尼亚学派学者是古希腊七贤之一的泰勒斯（约公元前 625—约公元前 547）。泰勒斯不仅是西方哲学的鼻祖，也是古希腊数学之父。

　　前文所述的古埃及和古巴比伦的数学只是人类在实践中积累的各种经验，泰勒斯在学习此类知识的基础上，加入了理论性的研究，并将其整理成具备一定体系的学问。同时，他把研究成果广泛应用于解决实际问题。下面介绍泰勒斯发现的几个定理。

等腰三角形的两个底角相等

第一个定理是著名的"等腰三角形的两个底角相等"。泰勒斯发现了该定理，并给出了证明过程。也就是说，在下面的三角形 ABC 中，若 AB 与 AC 的长度相等，则 $\angle B$ 和 $\angle C$ 也相等。

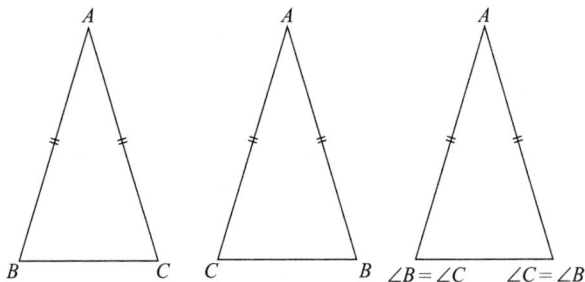

等腰三角形的两个底角相等

所谓若 AB 等于 AC，则 $\angle B$ 等于 $\angle C$，只要画图就一目了然，但泰勒斯完美地解释了其中的缘由，即他给出了证明过程。

泰勒斯让三角形 ABC 与其翻转过来的三角形 ACB 重合在一起。$\angle A$ 经过翻转后大小不变，所以 $\angle A$ 与翻转后的 $\angle A$ 重合。另外，因为 AB 与 AC 的长度相等，所以 AB 与 AC 重合。同理可知，AC 也与 AB 重合。因此，$\angle B$ 与 $\angle C$ 重合、$\angle C$ 与 $\angle B$ 重合。于是，由此可证明等腰三角形的两个底角相等。

全等图形

众所周知的定理"两边及其夹角对应相等的三角形是全等三角形""两角及其夹边对应相等的三角形全等",也是泰勒斯证明的。

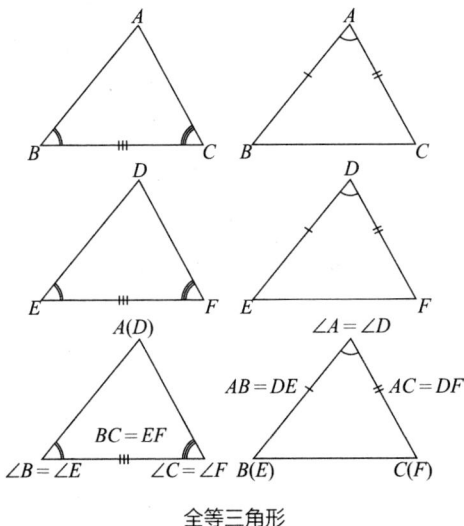

全等三角形

观察上图可以发现,在以上情况下两个三角形可以完全重合。这种能够完全重合的两个图形叫作全等图形。当你初次接触这些知识点时,可能会觉得全等

图形具有这种特性是理所当然的。事实上，这的确是
理所当然的，但不可否认的是，泰勒斯在证明它的正
确性及应用层面做出了巨大贡献。下面我来介绍泰勒
斯提出的定理的应用。

池塘两侧间的距离

假设我们现在要测量 A 和 B 两点之间的距离，然
而它们之间隔着一个池塘，无法直接进行测量。

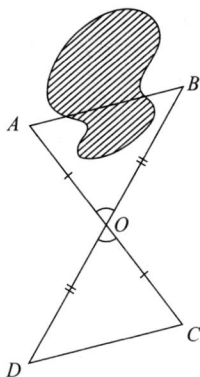

在这种情况下，泰勒斯首先在同时可观测到点 A
和点 B 的地方取一点 O，然后连接 AO 并延长 AO 至点
C，使 CO 等于 AO。同样，连接 BO 并延长 BO 至点
D，使 DO 等于 BO。

如此一来，三角形 OAB 与三角形 OCD 为全等三
角形。之所以这么说，是因为三角形 OAB 以点 O 为中
心旋转 180 度后与三角形 OCD 完全重合。所以，AB
的长度与 CD 的长度相等。

也就是说，泰勒斯通过测量 CD 的长度得到了无
法直接测量的 A 和 B 之间的距离。可以说，这是全等
定理的第一个应用。

陆地与船只间的距离

下面的应用是测量陆地上的点 A 与船只 P 之间的
距离。

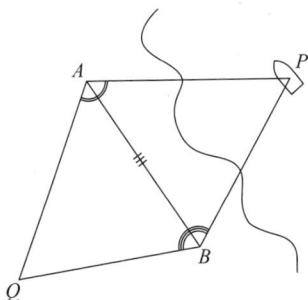

首先，在同时可观测到 A 和 P 的地方取一点 B。
然后，测量角 ∠BAP，再在点 P 的对侧画出一个与
∠BAP 相等的 ∠BAQ。接着对 ∠ABP 进行测量，之后

在点 P 的对侧画一个与其相等的 $\angle ABQ$。

于是,三角形 QAB 与三角形 PAB 以 AB 为轴进行对折后完全重合,所以它们为全等图形。因此,AP 的长度与 AQ 的长度相等,通过测量 AQ 的长度便能获知 A 与 P 之间的距离。可以说,这是全等定理的第二个应用。

平行线不会相交

泰勒斯对平行线的性质也非常了解。我个人推测,泰勒斯或许把与某条直线 q 垂直的两条直线 a 和 b 定义为"平行的两条直线"。

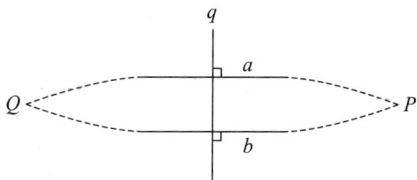

这样的两条直线无论延长多少都不会相交。假设 a 和 b 右侧的延长线相交于点 P,根据以直线 q 为轴进行翻转后图形重合可知,这两条直线在左侧也应该相交于一点 Q。但是,经过点 P 和点 Q 这两个不同的点画出两条直线是不可能的。因此,这种假设不成立。

内错角相等

当两条直线 a 和 b 与第三条直线 g 相交时，下图中的 α 和 β 互为内错角。此外，泰勒斯还知道两个事实：一是"内错角相等，两条直线平行"；二是"两条直线平行，内错角相等"。

我们使用这些定理可以证明著名的定理"三角形内角和等于两个直角的和"。

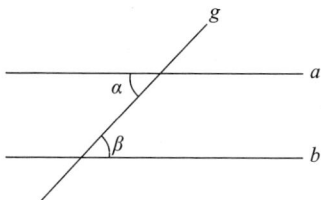

为什么三角形内角和等于两个直角的和

画一条经过三角形 ABC 的顶点 A，与边 BC 平行的直线 PQ。

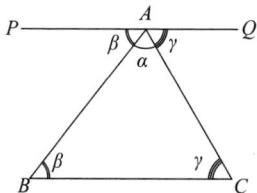

因为 ∠PAB 与其内错 ∠ABC 相等，∠QAC 与其内错 ∠ACB 相等，所以三角形 ABC 的三个内角 α、β、γ 在点 A 汇集，边 PA 和边 QA 形成了一条直线。因此，它们加在一起的大小等于两个直角的和，即 180°。

泰勒斯利用这一点发现了一个有趣的事实，那就是令一个圆的直径为 AB，在该圆上任意取一点 P，所构成的 ∠APB 总是直角。

为什么 ∠APB 总是直角

因为 AB 为圆的直径，所以它必经过圆的中心 O。因为 OA、OB、OP 均为该圆的半径，所以它们全都相等。

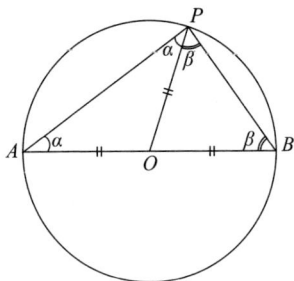

因此，三角形 OPA 和三角形 OBP 均为等腰三角形，那么它们各自的两个底角 α 和 β 也各自相等。又

因为三角形内角和等于两个直角的和，所以

$$2\alpha + 2\beta = 2 \text{ 直角}$$

$$\alpha + \beta = \text{直角}$$

$$\angle APB = \text{直角}$$

相似图形

泰勒斯是提出"比例"这一概念的第一人。因此，他也被称为"比例之神"。

假设有一个图形，例如五边形 $ABCDE$。在其外侧取一点 O，分别画出经过点 O 与 A、B、C、D、E 的直线，在各条直线上令 OA、OB、OC、OD、OE 全都以相同比例扩大或缩小，截取出 OP、OQ、QR、OS、OT。然后，连接点 P、Q、R、S、T 得到一个新的五边形 $PQRST$。此时，可以说"以点 O 为中心，五边形 $ABCDE$ 与五边形 $PQRST$ 处在相似的位置"。在这种情况下，两个五边形的对应边全都平行，对应边的长度比例均相等。

一般而言，能够以某点为中心处在相似位置的两个图形，互为相似图形。

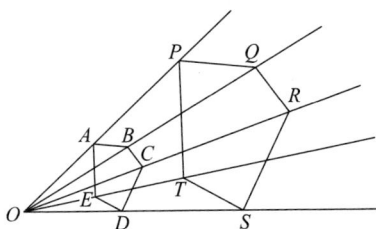

测量金字塔的高度

如果两个三角形的对应边平行，那么它们是相似三角形，对应边的比例均相等。据说泰勒斯利用这一点，仅凭一根木棍就测量出了金字塔的高度。

泰勒斯是如何做到的呢？首先，令金字塔的顶点为 A，经过点 A 的底边垂线与底面相交于点 B，某一瞬间 A 的影子为点 C。同时，令这一瞬间垂直于地面的木棍 DE 的影子端点为 F。

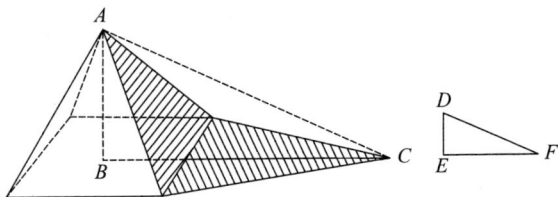

如此一来，三角形 ABC 与三角形 DEF 的对应边全都平行，所以这两个三角形相似。即

$$\frac{AB}{BC} = \frac{DE}{EF}$$

因为 BC、DE、EF 均为可测量的长度，所以 AB 的长度，也就是金字塔的高度，便也能轻而易举地被测量出来。

4. 毕达哥拉斯

某个著名定理的发现者

继泰勒斯之后，我不得不向大家介绍的另一位爱奥尼亚学派学者是毕达哥拉斯（约公元前 580—约公元前 500）。据说毕达哥拉斯出生于爱奥尼亚的萨摩斯岛，他在古埃及和古巴比伦均有留学经历。毕达哥拉斯结束多年的留学生涯回到故乡萨摩斯岛后，开始开办学校，但没有达到他预期的成效。后来，他在意大利南部的克劳东开办学校，在此度过了学术研究和教学的余生。

关于毕达哥拉斯的学术成就，首先不得不提的便是著名的毕达哥拉斯定理（勾股定理）。

前面提到的古埃及司绳为了在广阔的地面上画出直角，采取的办法是用绳子组成一个三边比例为 3∶4∶5 的三角形（如下图所示，未按真实比例绘制）。

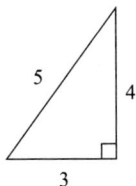

在这种情况下，长度为 5 的边所对的角就是直角。

此外，古巴比伦人还创造了三边比例为 5∶12∶13 的三角形（如下图所示，未按真实比例绘制）。

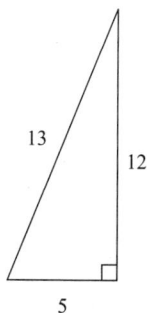

在这种情况下，长度为 13 的边所对的角就是直角。

$a^2 + b^2 = c^2$

因为毕达哥拉斯在古埃及和古巴比伦有多年的留学经历，所以他肯定学过以上两种方法。不过，毕达哥拉斯发现，无论是 3、4、5 这一组数，还是 5、12、13 这一组数，它们之间都具有以下关系。

$$3^2 + 4^2 = 5^2$$

$$5^2 + 12^2 = 13^2$$

于是，毕达哥拉斯联想到，如果三角形的三边长度存在 $a^2 + b^2 = c^2$ 的关系，那么与边 c 相对的角应该是直角。或者，对于 $\angle C$ 为直角的三角形 ABC 而言，如果构成直角的两边长度分别为 a 和 b，与直角相对的边，即斜边的长度为 c，那么 a、b、c 之间应该存在 $a^2 + b^2 = c^2$ 的关系。毕达哥拉斯证明了确实存在这样的关系。

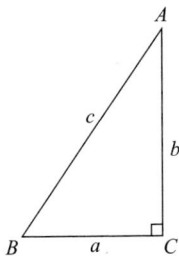

$a^2 + b^2 = c^2$ 成立的理由

思路为证明直角边 a 和 b 各自的平方之和，也就是以 a 和 b 为边长的两个正方形的面积之和，等于斜边 c 的平方，也就是以 c 为边长的正方形的面积，如下页图①所示。

首先，抽出包含边 a 和边 b 的部分，向其嵌入与

原直角三角形相同的另外三个图形，使其变成如图②
所示共计四个直角三角形的图形，于是便可得到一个
边长为 a 与 b 之和的正方形。

　　然后，从图①中抽出包含边 c 的部分，向其嵌入
与原直角三角形相同的另外三个图形，使其变成如图
③所示共计四个直角三角形的图形，这样也能得到一
个边长为 a 与 b 之和的正方形。

　　于是，通过对比图②与图③便知，a^2 与 b^2 相加，再
加上四个直角三角形，等于 c^2 加上四个直角三角形。由
此可知，$a^2 + b^2 = c^2$。

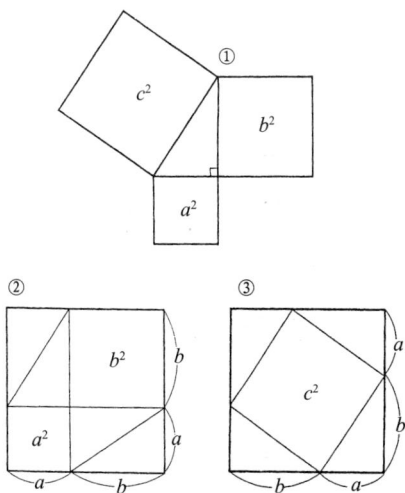

毕达哥拉斯时期以前的数字知识

然而，在毕达哥拉斯时期以前，人类所掌握的数仅为 1、2、3、4、5、6、7……这种整数和 $\frac{1}{2}$、$\frac{1}{3}$、$\frac{2}{3}$、$\frac{1}{4}$……这种分数。

如果把整数视为 $\frac{1}{1}$、$\frac{2}{1}$、$\frac{3}{1}$、$\frac{4}{1}$、$\frac{5}{1}$……的话，那么整数也可看作分数的特殊形式。

不过，分数也被视为两个数的比值，如 $\frac{3}{8}$ 表示 3 与 8 的比值，因此也可以说分数是可以写成整数与整数的比值形式的数。

循环小数出现的原因

分数化为小数的形式，要么在有限的数位终止，要么无法在有限的数位终止——这时则会化为循环小数。例如，若把 $\frac{3}{8}$ 化为小数，则其结果在小数点后三位终止。然而，若把 $\frac{2}{7}$ 化为小数，则可得到小数点后 "285 714" 不断循环的小数。这是为什么呢？

$$\frac{3}{8} = 0.375$$

$$\frac{2}{7} = 0.285\ 714\ 285\ 714\ 2\cdots$$

以 2 除以 7 为例，各个阶段的余数必然都比除数 7 小。那么，随着除法运算的持续进行，总会出现与前面曾出现过的余数相同的余数。从这个重复出现的余数开始，将重复与前面一样的运算结果。也就是说，结果将变为循环小数。

下面我们来看边长为 1 的正方形。若在该正方形上画出一条对角线，则可将其分为两个直角三角形。设这条对角线的长度为 x，则根据勾股定理有如下结果。

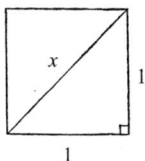

$$1^2 + 1^2 = x^2$$

$$x^2 = 2$$

也就是说，x 是平方为 2 的数。想必你也知道，这个数叫作 2 的平方根，即 $\sqrt{2}$。

$\sqrt{2}$ 为有理数之外的数

$$\sqrt{2} = 1.414\,213\,56\cdots$$

毕达哥拉斯学派的学者曾试图用分数或小数来表示 $\sqrt{2}$，然而无论是分数、有限小数，还是无限循环小数都无法表示 $\sqrt{2}$。也就是说，尽管 $\sqrt{2}$ 化为小数时有无限数位，但并不循环。这是毕达哥拉斯学派的学者第一次遇到无法用整数与分数来表示的数，也就是有理数之外的数。如今，这种数叫作无理数。

发现黄金分割点

毕达哥拉斯学派的学者使用下图中的五角星作为学派的徽章。这意味着他们知道如何绘制正五边形。

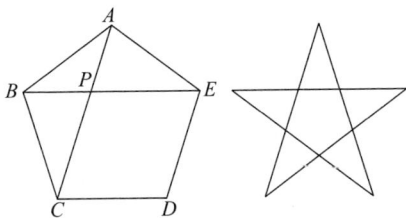

正五边形的画法

假设一个正五边形 $ABCDE$ 的两条对角线 AC 和 BE 相交于点 P。毕达哥拉斯学派的学者发现了 $BP \cdot BE = PE^2$ 这样的关系，并利用这一点找到了正五边形的画法。

一般来说，点 P 把一条线段 BE 分割为两部分，使等式 $BP \cdot BE = PE^2$ 成立，则线段 BE 在点 P 实现了黄金分割。

具有美感的比例

我们现在假设 BE 的长度为 1，并计算 BP 和 PE 的比例，结果如下所示。这是公认的把一条线段分割为两部分的最佳比例。

$$BP : PE \approx 0.382 : 0.618$$

事实上，很多装饰框和房屋的横纵比例都是这个值，我们熟悉的图书形状基本也是如此。

瓷砖铺设问题

毕达哥拉斯学派的学者还研究了"瓷砖铺设问题"。这个问题可概括为：如果想用同样形状、同样尺寸的正多边形瓷砖毫无缝隙地铺满整个平面，应该使用哪种正多边形？

若想解答这个问题，首先必须了解多边形的内角和。我们已经知道，三角形的内角和等于两个直角的和。

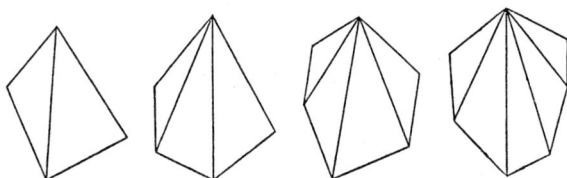

多边形可以分为多个三角形

以上四个图形可以分为多个三角形。四边形可分
为两个三角形，五边形可分为三个三角形，六边形可
分为四个三角形……由此可得到以下内角和表。

三角形	180°
四边形	180° × 2 = 360°
五边形	180° × 3 = 540°
六边形	180° × 4 = 720°
七边形	180° × 5 = 900°
八边形	180° × 6 = 1080°
…	…

多边形内角和

满足条件的三种铺设方案

根据下表可知正多边形的一个内角的大小。

等边三角形	$180° \div 3 = 60°$
正方形	$360° \div 4 = 90°$
正五边形	$540° \div 5 = 108°$
正六边形	$720° \div 6 = 120°$
正七边形	$900° \div 7 = 128\frac{4}{7}°$
正八边形	$1080° \div 8 = 135°$
…	…

正多边形的一个内角

　　毕达哥拉斯学派的学者根据该表给出的答案是："围绕一点使用形状和尺寸都相同的瓷砖铺满平面的方法共有三种：一是形状和尺寸都相同的等边三角形瓷砖每六块为一组进行铺设；二是形状和尺寸都相同的正四边形瓷砖每四块为一组进行铺设；三是形状和尺寸都相同的正六边形瓷砖每三块为一组进行铺设。除此之外，其他正多边形瓷砖都做不到。"

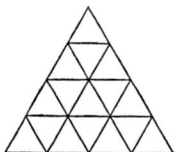

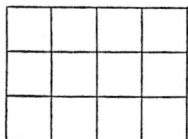

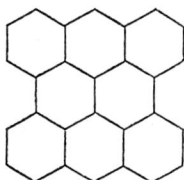

关于正多面体的新发现

古埃及人热衷于研究立体图形，在正多面体这一点上，他们发现了正四面体、正六面体、正八面体这三种正多面体。

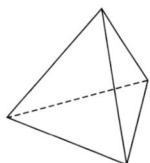
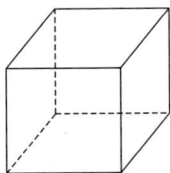
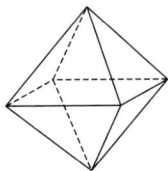

正四面体　　　　正六面体　　　　正八面体

后来，毕达哥拉斯学派的学者对正多面体开展了系统的研究，除了正四面体、正六面体、正八面体，还发现了正十二面体和正二十面体。

由等边三角形构成的三种正多面体

毕达哥拉斯学派的学者研究用大小相同的等边三角形能够组成哪些正多面体。结果发现，只能组成正四面体、正八面体和正二十面体。

事实上，若想仅用大小相同的等边三角形来构建正多面体，一个顶点汇聚等边三角形的个数可以为三个、四个或五个，相应可以得到正四面体、正八面体和正二十面体。

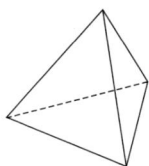 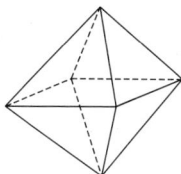 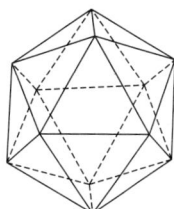

正四面体　　　　　正八面体　　　　　正二十面体

　　若想仅用大小相同的正方形来构建正多面体，一个顶点汇聚正方形的个数只能为三个，所以只能得到正六面体。

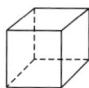

正六面体

　　若想仅用大小相同的正五边形来构建正多面体，一个顶点汇聚正五边形的个数只能为三个，相应只能得到正二十面体。

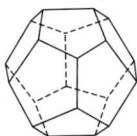

正十二面体

共有五种正多面体

若想仅用大小相同的正六边形来构建正多面体，无论如何都无法实现。之所以这么说，是因为当三个正六边形汇聚于一点时会组成一个平面。

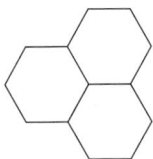

正六边形汇聚的情况

显然，仅用大小相同的正七边形、正八边形……都无法构建正多面体。

综上所述，毕达哥拉斯学派的学者证明了正多面体仅有正四面体、正六面体、正八面体、正十二面体、正二十面体这五种。其中，正十二面体和正二十面体是他们的新发现。

5. 三大难题

智者学派的研究

自从在公元前 480 年的萨拉米斯海战中击败波斯帝国后，古希腊的发展日益繁荣，其首都雅典逐渐成为该国的政治和文化中心。

当时，雅典的普通公民把与生活直接相关的工作完全交给奴隶，自己则热衷于政治和学术，并雇用智者，也就是职业教师来提升自身的文化素养。后来，辩论技巧也成为一项教学内容，因此智者学派也被称为诡辩学派，他们还研究了著名的三大尺规作图难题。

第一个数学难题——三等分角

三大难题中的第一个问题是"将任意给定的角三等分"。

智者学派利用尺规作图轻而易举地解决了"将任意给定的角二等分"的问题。具体做法为：假设给定 ∠AOB，首先以顶点 O 为圆心，取适当的半径画圆，与 ∠AOB 的两边 AO、BO 分别相交于点 C 和 D。再分别以 C、D 为圆心，取适当的半径（通常和前面的半径保持一致）画圆，两圆的交点为 *P*，则射线 *OP* 将 ∠*AOB* 二等分。

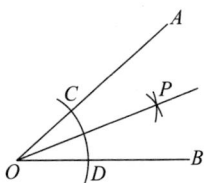

角的二等分

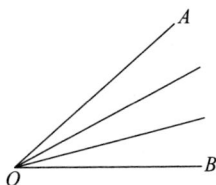

角的三等分

智者学派由此获得灵感，想方设法去解决将给定角三等分的问题。然而，无论他们怎样努力，利用尺规作图的常规方法都无法将任意给定的角三等分。

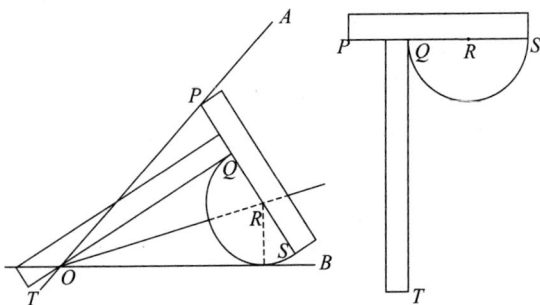

角的三等分

借助工具解题

后来，他们想到借助上页底图右侧这种工具来解决将角三等分的问题。在该工具上，P、Q、R、S 为等间距排列的四个点，并装有以 R 为圆心、RS 为半径的半圆。此外，QT 为垂直于 PS 的尺子。

若想将任意给定的 ∠AOB 三等分，则需利用这个工具让点 P 置于边 AO 之上，尺子 QT 经过顶点 O，半圆与边 BO 相切。

如上页底图左侧所示，直线 QO 和 RO 将 ∠AOB 三等分。

第二个数学难题——倍立方

三大难题的第二个问题是"作一个立方体，使它的体积是已知立方体体积的两倍"。

智者学派利用尺规作图同样轻而易举地解决了"作一个正方形，使它的面积是已知正方形面积的两倍"的问题。具体做法为：假设已知正方形为 ABCD，只要以其对角线 AC 为一边作出正方形 ACEF，就能满足它的面积为正方形 ABCD 面积的两倍。

为什么这么说呢？以下证明过程一目了然。

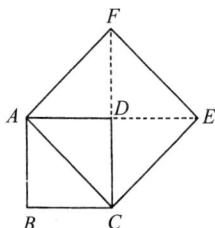

$$S_{ACEF} = AC^2$$
$$= AB^2 + BC^2$$
$$= 2AB^2$$
$$= 2S_{ABCD}$$

出题者为古希腊的神阿波罗

那么，智者学派肯定也思考过"作一个立方体，使它的体积是已知立方体体积的两倍"这个问题。关于这个问题还有个颇有意思的传说。

某一时期，一场瘟疫袭击了提洛岛，无论岛民如何抗争，都无法阻止这场瘟疫蔓延。

岛民认为这场灾难是招惹神怒所致，于是来到光明、医药、诗歌、音乐、预言之神阿波罗的神像前请示神谕。阿波罗给出的指示是"在保持形状不变的前提下，把我神殿前的立方体祭坛的体积扩大一倍。按我说的做，瘟疫会立刻消失"。

于是，岛民便去向数学家请教这个问题的解法。这就是这个问题的开端。所以，这个问题除了被称为倍立方问题，也被称为提洛岛问题。

希波克拉底的方程

数学家尝试用尺规作图来解决这个问题，但最终发现不可能做到。

希波克拉底（约公元前 460—约公元前 370）设最初的立方体的一边长为 a，若能找到满足以下条件的 x 和 y，则 x 为所求立方体的边长。

$$a : x$$
$$= x : y$$
$$= y : 2a$$

事实上，根据以上比例式可得以下两个等式。

$$x^2 = ay$$
$$y^2 = 2ax$$

由此可知

$$x^4 = a^2 y^2$$
$$= 2a^3 x$$

因此

$$x^3 = 2a^3$$

但是，希波克拉底依旧无法利用尺规作图的方法找到这样的 x 和 y。他解决这个问题的方法会在稍后介绍。

第三个数学难题——化圆为方

三大难题的最后一个问题是"作一正方形，使其面积等于一给定圆的面积"。这个问题被称为化圆为方问题。

众所周知，任意圆的周长与直径的比值都是一个常数，这个常数叫作圆周率。因此，若用 l 表示圆的周长、r 表示半径、π 表示圆周率，则

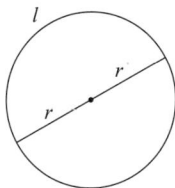

$$\frac{l}{2r} = \pi$$

$$l = 2\pi r$$

此外，令半径为 r 的圆的面积为 S，则

$$S = \pi r^2$$

接下来我们来证明这个事实。

为什么 $S = \pi r^2$？

首先，用给定圆的半径将该圆等分成尽可能多的部分。然后，如同把橘子切开那样将分割后的圆展开。

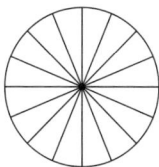

分割圆

(1)

(2)

(3)

(4)

r

$2\pi r$

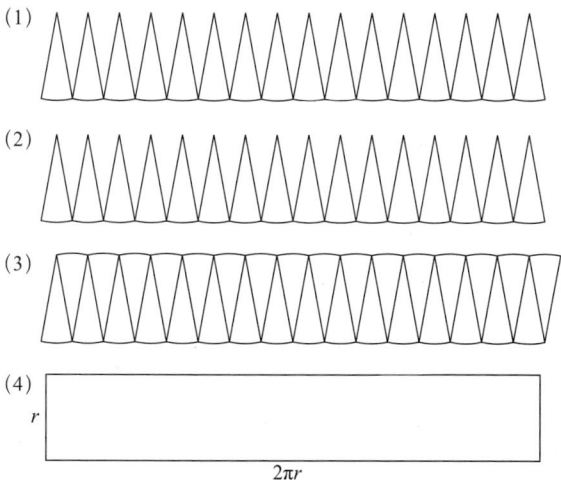

展开分割后的圆

于是便可得到上图中的（1），再复制一个与其完全相同的图（2），然后将其中一个倒过来插入另一个，得到图（3）。那么，随着分割方式越来越精细，该图将逐渐接近于宽为 r、长为圆周长的长方形，即图（4）。但是，由于圆的面积 S 为这个长方形面积的一半，因此

$$S = \frac{r \times 2\pi r}{2} = \pi r^2$$

由以上证明过程可知，若想作一正方形，使其面积等于给定圆的面积，则需如上页图所示作一长方形，使其宽为圆的半径、长为圆周长，然后作一面积为该长方形面积一半的正方形。然而，对于智者学派而言，这也无法用尺规作图实现。

第 3 章　数学的发展

1.0 的发现

每逢进位就发明新符号

如前文所述，古埃及的数字如下所示。

Ι	ΙΙ	ΙΙΙ	……	∩	Ꮳ	𝄢
1	2	3	……	10	100	1000

古巴比伦的数字如下所示。

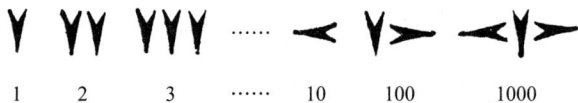

Y	YY	YYY	……	<	Y	<Y>
1	2	3	……	10	100	1000

古希腊的数字如下所示。

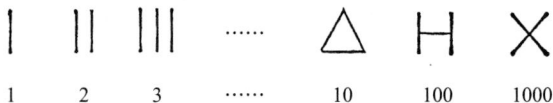

Ι	ΙΙ	ΙΙΙ	……	△	Η	Χ
1	2	3	……	10	100	1000

以上三种数字每逢进位就使用新的符号，如今仍在钟表表盘上使用的罗马数字也是如此。

I	II	III	……	X	C	M
1	2	3	……	10	100	1000

计算上的不便超出想象

如果用这些数字来记数，或许没什么不便之处，但若用这些数字来进行运算，其不便程度将超出你的想象。例如，下面这些计算看上去很复杂吧？

与上面这些竖式中出现的复杂数字相比，我们现在使用的 0、1、2、3、4、5、6、7、8、9 简直太方便了。

印度人的便利数字

那么，这种便利的数字是何时由何人发明的呢？据说这些数字是古印度人在很久以前发明的，后经多次演变发展成了现在的形式。

阿拉伯人在行商过程中频繁往来于印度和欧洲，并在印度学到了这种数字。与欧洲的数字相比，印度数字更加简单实用，所以阿拉伯人开始全面使用这种数字，并将其用于计算。后来，欧洲人也意识到阿拉伯人使用的数字比他们自己的数字要方便得多，于是也开始使用印度数字。

进位不再需要新符号

如此一来，这种诞生于印度的数字由阿拉伯人传入欧洲。欧洲人误以为这种数字是阿拉伯人发明的，所以称其为阿拉伯数字。另外，由于这种数字在计算中格外便利，因此在日本也被称为算用数字。

这种数字的优势在于，从一到九可以用 1、2、3、4、5、6、7、8、9 这些简单的符号表示，对于之后的十来说，只需再准备一个意为"无"的 0 这个符号，就能用 10 来表示十。

使用 0 的定位记数法

一般情况下，0 这个符号表示"无"的意思，但它并非总是表示什么都没有。例如对于 10 来说，当 0 为最右侧的数字时，它表示个位为"无"。然而，0 的出现让 1 成为从右侧数的第二位数字，表示该数的十位为 1。于是，11、12、13、14、15、16、17、18、19 分别可以表示十一、十二、十三……而 20 就能表示二十。这种便利都要归功于使用 0 的定位记数法。

数学史上划时代的进步

对于更大的数而言也是一样，例如 205、250、3078 分别表示二百零五、二百五十、三千零七十八，可见使用 0 的定位记数法所带来的便利愈发明显。前面提到的那些复杂的计算竖式则变为

$$
\begin{array}{r}
2\,4\,8 \\
+1\,7\,3 \\
\hline
\end{array}
$$

只要使用这种形式的竖式，即使看起来很麻烦的计算也会变得非常简单。因此，可以说使用 0 的定位

记数法的出现是数学史上划时代的进步。

印刷术的发明与符号的完善

15 世纪中叶，德国发明了西式铅活字印刷术，这使得古希腊和阿拉伯的古籍译本得以相继出版，古印度的数学思想也陆续传入欧洲。进入 16 世纪后，意大利迎来了著名的文艺复兴时期，欧洲的数学研究终于焕发出新的活力。面对引入的其他国家的知识，欧洲人也加入了包括符号完善在内的改良工作。

1489 年，被誉为"计算之父"的德国数学家维德曼（1460—约 1499）开始使用如今仍在沿用的"+""−"符号。他用前者表示收入，用后者表示支出。此外，维德曼在其他著作中用前者表示现在的"加"的意思，用后者表示现在的"减"的意思。不同之处在于，维德曼使用的加减符号比现在的符号在水平方向上要长一些。

符号的进一步完善

雷科德（约 1510—1558）在 1557 年出版的《砺智石》一书中首次使用表示"左右两边相等"的符号"="。当时的等号同样在水平方向上比现在的长一些。

关于使用该符号表示左右相等的理由，雷科德说："因为最相像的两件东西是长度相等的两条平行线。"

现在使用的乘法符号"×"首次出现在奥特雷德（1575—1660）的《数学之钥》中，除法符号"÷"首次出现在雷恩（1622—1676）于 1659 年出版的书中。此外，克拉维乌斯（1538—1612）确立了我们现在使用的"3.5083"等小数的符号。

表示已知数与未知数的符号

代数学中包含已知数与未知数，这就要求我们用能迅速区分出二者的符号来表示它们。最初，法国数学家韦达（1540—1603）使用 b、c、d、f 等声母表示已知数，用 a、e、i、o、u 等韵母表示未知数。

后来，笛卡儿（1596—1650）改用拉丁字母表中靠前的 a、b、c、d、e 等字母表示已知数，用靠后的 u、v、w、x、y、z 等字母表示未知数。我们至今仍保留着这样的习惯。

2. 方程

印度数学家首次提出的解题方式

在求解"已知某个数与它的 $\frac{1}{3}$ 的和等于 16，求该数是多少"的问题时，若用 □ 表示该数，则计算过程为

$$□ + \frac{1}{3}□ = 16$$

$$\frac{4}{3}□ = 16$$

$$□ = 12$$

于是 □，也就是该数为 12。如前文所述，古埃及人也给出了这种假设法的解题思路。

后来，印度数学家花拉子密（约 783—约 850）在 820 年前后成为系统研究这种问题的第一人。请看下面的例题。

$$5x - 4 = 3x + 2 \cdots\cdots（1）$$

两边都减去 $3x$ 可得

$$5x - 3x - 4 = 2 \cdots\cdots（2）$$

$$2x - 4 = 2 \cdots\cdots（3）$$

两边都加上 4 可得

$$2x = 2 + 4 \cdots\cdots（4）$$
$$2x = 6$$
$$x = 3$$

algebra 的词源 al-jabr

在该例题中，方程（1）的两边都减去 $3x$ 后得到方程（2）。通过比较方程（1）和方程（2）可发现方程（1）右边的 $3x$ 来到了方程（2）的左边，变成了 $-3x$。

另外，方程（3）的两边都加上 4 后得到方程（4），通过比较方程（3）和方程（4）可发现方程（3）左边的 -4 来到了方程（4）的右边，变成了 $+4$。

这种把等式一边的某一项改变符号后移到另一边的变形叫作移项，花拉子密在介绍利用该方法解方程的著作中提出了 al-jabr waal-muqābara 这个课题。在阿拉伯语中，al-jabr 意为"移项"，waal-muqābara 意为"方程两边都减去相等的量"。

al-jabr 或许是现代英语中意为"代数学"的 algebra 的词源。

二次方程的初期解法

刚才介绍的是一次方程，下面来看看二次方程。

二次方程是 $x^2 + 6x = 40$ 这种形式的方程，研究二次方程的元老级人物为海伦（活动于 62 年前后）和丢番图（250 年前后），他们的解法如下。

$$x^2 + 6x = 40$$

两边都加 9 可得

$$x^2 + 6x + 9 = 49$$
$$(x + 3)^2 = 49$$
$$x + 3 = 7$$

由此可知

$$x = 4$$

他们在上述解题过程中，由 x 与 3 之和的平方为 49 推导出的结论是 x 与 3 之和为 7。但是，实际上平方后等于 49 的数有 7 和 -7。之所以海伦和丢番图给出的结果只有 7，是因为他们还未掌握负数的概念。

正确求解二次方程的数学家

印度数学家阿耶波多（约 476—550）、婆罗摩笈多（约 598—约 665）、婆什迦罗（约 1114—约 1185）等人认识到数可分为正数、零和负数，并明确指出平方后等于 49 的数有 7 和 -7，继而正确求出了前面二次方程的根。若按照他们的数学思想，尤其是婆什迦罗的数学思想再次求解前面的二次方程，则过程如下。

$$x^2 + 6x = 40$$

两边都加 9 可得

$$x^2 + 6x + 9 = 49$$
$$(x + 3)^2 = 49$$

由此可知

$$x + 3 = 7 \ 或 \ x + 3 = -7$$

因此

$$x = 4 \ 或 \ x = -10$$

印度的数学家就这样认识到了二次方程有两个根。

想象出来的数 i 的登场

然而，印度的数学家认为任意数的平方为正数或零，不可能为负数，所以断定下面这种方程没有根。

$$x^2 + 6x + 13 = 0$$

两边都减 4 可得

$$x^2 + 6x + 9 = -4$$
$$(x + 3)^2 = -4$$

到目前为止，平方后的数为正数或零，绝对不会出现负数的情况，接下来就轮到平方后等于 -1 的数 i，即满足 $i^2 = -1$ 的数 i 登场了。这种数与之前已知的实数完全不同，可以说它是想象出来的数。事实上，i 正是意为"想象的数"的 imaginary number 的首字母。

引入 $i^2 = -1$ 后的新发展

若引入 i 这种数，则

$$(2i)^2 = 4i^2 = -4$$
$$(-2i)^2 = 4i^2$$
$$= -4$$

由此便能打破前面解法的僵局，具体解法如下：

$$(x+3)^2 = -4$$

由此可知

$$x + 3 = 2i \text{ 或 } x + 3 = -2i$$

因此

$$x = -3 + 2i \text{ 或 } x = -3 - 2i$$

若令 a、b 为实数，则形如 $a + bi$ 的数可视为包含 1 和 i 两个单位。1 叫作实数单位，i 叫作虚数单位，这种数叫作复数。

15~16 世纪的数学竞赛

15~16 世纪，欧洲掀起了数学竞赛的热潮。具体来说，就是两位数学家互相给对方出相同数量的数学题，解题数量多者获胜。

三次方程和四次方程是当时数学竞赛的最佳题库。

三次方程的解法是塔尔塔利亚（约 1499—1557）发现的，但他并未公开自己的研究成果。卡尔达诺（1501—1576）在自己的《大术》一书中记载了塔尔塔利亚的解法，因此这一解法现在被误称为卡尔达诺解法。

四次方程的解法是卡尔达诺的学生费拉里（1522—1565）发现的。

三次方程的形式如下。

$$ax^3 + bx^2 + cx + d = 0 \ (a \neq 0)$$

四次方程的形式如下。

$$ax^4 + bx^3 + cx^2 + dx + e = 0 \ (a \neq 0)$$

3. 对数的发现

让天文学家的寿命延长一倍

如前文所述，为了预防尼罗河水的周期性泛滥，古埃及人开始研究天体的运行规律，从而孕育出了天文学的萌芽。这种萌芽传入古希腊后，结出了古希腊天文学的果实。前面提到的泰勒斯就预言了日食的出现。

进入 15 世纪后，雷格蒙塔努斯（1436—1476）等天文学家为古希腊的古典天文学带来了重大变革，尤其是哥白尼（1473—1543）提出日心说后，天文学取得了飞跃式发展。

推动天文学进步的动力包括望远镜的发明、三角学的进步，以及对数的发现。对数的发现简化了大数的运算，节省了大量计算时间，甚至可以说，对数的发现将天文学家的寿命延长了一倍。

掌握对数思想的第一人是施蒂费尔（1487—1567）。

直接出答案

下表展示了一个数 y 与 2 的 y 次方之间的关系。

y	2^y
1	2
2	4
3	8
4	16
5	32
6	64
7	128
8	256
9	512
10	1024
11	2048
12	4096
……	……

当 y 为 1 时 2^y 为 2^1，也就是 2，随着 y 变为 2、3、4……2^y 相应地翻倍递增变为 4、8、16……

施蒂费尔将目光聚焦在了以下充满趣味的规律上，那就是 2^y 的两个数相乘与 y 的两个数相加的对应关系。

$$2^y \quad 8 \times 64 = 512$$
$$\vdots \quad \vdots \quad \vdots \quad \vdots$$
$$y \quad 3 + 6 = 9$$

$$2^y \quad 32 \times 128 = 4096$$
$$\vdots \quad \vdots \quad \vdots \quad \vdots$$
$$y \quad 5 + 7 = 12$$

因此，在上表中，若想知道右栏中两个数的乘积，只需在左栏中找到与其对应的两个数后求和，然后在左栏中找到该和，观察它在右栏中对应的数即可。

对数概念的确立

若令上表右栏中的数为 x，则 $2^y = x$，此时以 2 为底的 x 的对数为 y，可表示为 $y = \log_2 x$，这就是 x 与 y 的关系。根据这种关系重新调整上表，则变为下面这个左右两栏颠倒的新表。

x	$y = \log_2 x$
2	1
4	2
8	3
16	4
32	5
64	6
128	7
256	8
512	9
1024	10
2048	11
4096	12
……	……

由此表可知，x 的乘法运算对应着其对数的加法运算。

在施蒂费尔关于对数的构思的基础上，比尔吉（1552—1632）和纳皮尔（1550—1617）确立了现在的对数概念。

常用对数表的使用方法

前面的例子是以 2 为底的对数，现在我们主要用的是以 10 为底的对数，称为常用对数。下面是常用对数表。

数	常用对数
……	……
2.36	0.3729
2.37	0.3747
2.38	0.3766
……	……
3.18	0.5024
3.19	0.5038
3.20	0.5051
……	……
7.55	0.8779
7.56	0.8785
7.57	0.8791
……	……

我们利用该表在处理乘法运算时可利用以下关系。

$$2.37 \quad \times \quad 3.19 \quad \approx \quad 7.56$$
$$\downarrow \qquad \downarrow \qquad \uparrow$$
$$0.3747 + 0.5038 = 0.8785$$

　　首先从表中找到相乘的两个数所对应的常用对数后求和，再从表中找到与该和相等的常用对数，最后找出与该常用对数对应的数即可。

4. 欧几里得几何学

令实用知识学问化的人们

下面让我们回到古希腊的数学话题。如前文所述，诞生于古埃及的实用型知识传播到古希腊后发展成了学问，在学问方法论方面做出重大贡献的是哲学家苏格拉底（约公元前 469—约公元前 399）及其学生柏拉图（公元前 427—公元前 347）。这些先驱者为我们现在使用的定义、公理、定理等术语赋予了明确的意义。

此外，当时还涌现出一批数学家，包括西奥多罗斯（约公元前 465—约公元前 399）、特埃特图斯（约公元前 410—约公元前 368）和欧多克索斯（约公元前 400—约公元前 347）等。欧多克索斯使用一种叫作穷竭法的方法求出了金字塔等立体物体的体积。

欧多克索斯的学生梅内克缪斯（约公元前 380—约公元前 320）对圆锥曲线进行了系统研究。关于这部分内容，我稍后在介绍阿波罗尼奥斯（约公元前 262—约公元前 190）时再向大家分享。

帝国的诞生与古希腊文明

在公元前 338 年爆发的喀罗尼亚战役中，马其顿国王菲利普攻破雅典，他的儿子亚历山大大帝建立了东起印度西至意大利的亚历山大帝国，从而促进了古希腊文化传播到其他国家，其他国家尤其是东方国家的文化也被古希腊所吸收。

亚历山大大帝死后，帝国随之分裂，古埃及的托勒密开创新的王朝，建立了托勒密王国，其首都亚历山大港作为文化中心进入了一个漫长繁荣时期。下面我来介绍托勒密王朝的数学家欧几里得（约公元前 330—约公元前 275）、阿基米德（公元前 287—公元前 212）和阿波罗尼奥斯的研究成果。

与数学相关的五个公理

欧几里得把当时几乎所有已知的数学知识和他自身的研究成果整合起来，完成了一部十三卷的数学著作《几何原本》，其中，几何学的部分先介绍了点、线、面等定义，然后提出了基于这些定义的五个公理和五个公设。与数学相关的五个公理如下：

公理 1　等于同量的量彼此相等；

公理 2　等量加等量，其和仍相等；

公理 3　等量减等量，其差仍相等；

公理 4　彼此能重合的物体是全等的；

公理 5　整体大于部分。

与几何学相关的五个公设

与几何学相关的五个公设是展开几何学理论的必要条件，具体内容如下：

公设 1　由任意一点到另外任意一点可以画一条直线；

公设 2　一条有限直线可以继续延长；

公设 3　以任意定点为圆心，以任意长度为半径，可以画圆；

公设 4　凡直角都相等；

公设 5　同平面内一条直线和另外两条直线相交，若在某一侧的两个内角的和小于两个直角的和，则这两条直线无限延长后在这一侧相交。

由于公设 5 比其他公设复杂得多，后来人们想到可以用其他公设证明该公设，并发现它与公设 6 的内容完全相同。

公设 6　经过直线外一点，有且只有一条直线与已知直线平行。

因此，公设 5 也被称为平行公设。

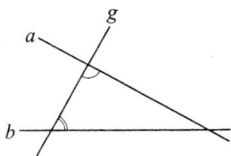
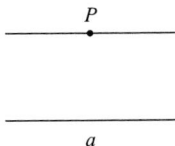

公设 5　　　　　　　　　　　平行公设

19 世纪出现的新几何学

然而，人们没能使用其他公设成功证明平行公设。

直到 19 世纪，俄罗斯数学家罗巴切夫斯基（1792—1856）和匈牙利数学家鲍耶（1802—1860）用"过平面上直线外一点，可引无数条直线与已知直线不相交"来代替平行公设，开创了逻辑上不存在任何矛盾的几何学，并发现无法使用其他公设证明欧几里得的平行公设。

因此，基于欧几里得的平行公设发展起来的几何学叫作欧几里得几何学，而基于罗巴切夫斯基和鲍耶的公设发展起来的几何学叫作非欧几里得几何学（简称"非欧几何"）。

非欧几何的确立

不过，你可能有以下这种疑惑：在我们的平面中，比如在一张纸上，欧几里得的平行公设是成立的，而罗巴切夫斯基和鲍耶的公设不成立吧？其实，这只是意味着我们所说的纸张对于欧几里得几何学而言是一个理想的空间模型，而对于非欧几何而言则并不适用。下面介绍两个著名的非欧几何模型。

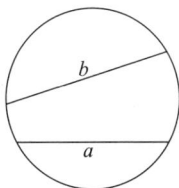

如上图所示，首先在平面上画一个圆，仅将其内部视为我们的世界，圆周上的点是无限远的点，而圆周外的点则不属于我们的世界。

因此，上图中的两条直线 a 和 b 在我们的世界内不相交。

这是我们世界内的法则

在我们的世界内画出点 A 与不经过该点的直线 a，以及经过点 A 且与直线 a 相交于点 R 的直线 r（见下页图左侧）。

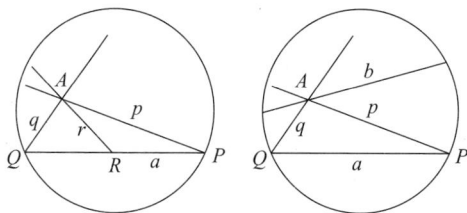

此时，若点 R 沿着直线 a 向右侧无限移动，则点 R 将无限接近位于 a 上无限远处的点 P，直线 r 也随之无限接近直线 p。另外，若点 R 沿着直线 a 向左侧无限移动，则点 R 将无限接近位于 a 上无限远处的点 Q，直线 r 也随之无限接近直线 q。

因为直线 p、q 与直线 a 相交于无限远处，所以按照此前的说法，它们不会与直线 a 相交。如上图右侧所示，直线 p 和 q 之间的直线 b 也不与直线 a 相交。

那么，在这个模型中，经过点 A 可作无数条与直线 a 不相交的直线。这就是罗巴切夫斯基和鲍耶的非欧几何模型。

某个平面上的模型世界

接下来，在平面上画一条直线，仅将其上方视为我们的世界。那么，该条直线上的点就是所谓无限远点，其下方的点已经不属于我们的世界了。

不过，这里要把圆心位于上述直线上的半圆看作
"直线"。例如，下图中的 a 和 b 均为这个世界中的"直
线"。但是，这两条"直线"在我们的世界中不相交。

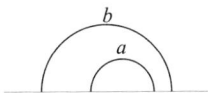

在这个世界中构想出点 A 和不经过该点的"直
线" a（如下图所示）。此时，经过点 A 可画出与"直
线" a 相交于无限远点 P 的"直线" p，以及与"直
线" a 相交于无限远点 Q 的"直线" q。

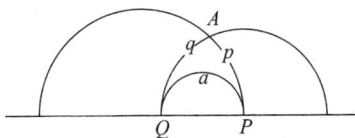

因为"直线" p、q 与"直线" a 相交于无限远点，
所以按照此前的说法，它们不会与"直线" a 相交。另
外，如下图所示，"直线" p、q 之间的"直线" b 也不
与"直线" a 相交。

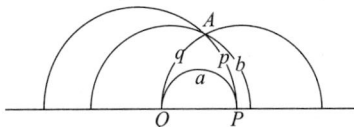

那么，这个模型也表明，经过点 A 可作无数条与"直线" a 不相交的"直线"。因此，可以说这也是罗巴切夫斯基和鲍耶的非欧几何模型。

黎曼的非欧几何学

继罗巴切夫斯基和鲍耶之后，德国数学家黎曼（1826—1866）用"过直线外的一点，一条平行线也画不出来"取代了欧几里得的平行公设，也开创了逻辑上不存在任何矛盾的几何学。这一新的几何学现在被称为黎曼几何学。下面我来介绍一个相关模型。

想象一个半球，将半球面视为我们的世界（如下图所示）。同时，在其边界圆上，将经过圆心 O 的直径的两个端点 P 和 P' 视为同一个点。

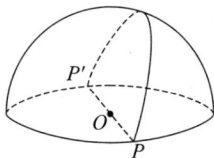

当经过 O 的平面与该半球面相切时，将截面中出现的半圆视为这个世界的"直线"（P 与 P' 位于其两端），但由于 P 和 P' 被视为同一个点，因此我们的

"直线",也就是半圆的两端是重合的,也就是封闭的。

那么,我们尝试画出两条这样的"直线"吧。观察下图可知,我们设定的两条"直线"(PP'和QQ')一定相交于一点(A)。因此,在我们的模型中,黎曼几何学是成立的。

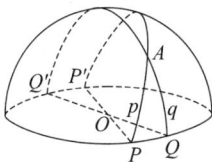

5. 阿基米德

圆周率的近似值

阿基米德出生于西西里岛的叙拉古，在古埃及的亚历山大港留学多年，回国后为赫农王效力，并终生致力于科学研究。

阿基米德绘制了圆的内接和外切正多边形，通过增加正多边形的边数，使正多边形的周长越来越接近圆的周长。他从正六边形开始，逐步计算正十二边形、正二十四边形、正四十八边形的周长，最后计算到正九十六边形。利用圆的周长比外切正多边形的周长短而比内接正多边形的周长长这一点，阿基米德证明了圆周率的值介于 $3\frac{10}{71}$ 和 $3\frac{1}{7}$ 之间。直到今天，后者，也就是 $\frac{22}{7}$ 仍是我们经常使用的圆周率的近似值。

把圆分割成长方形求面积

我在前面介绍过一种求圆面积的方法，下面我要讲的是另外一种巧妙的方法。

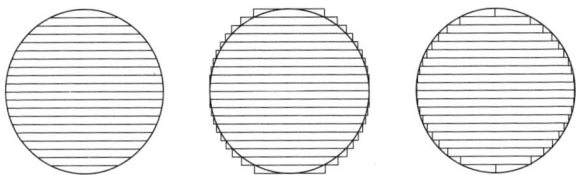

如上图左边所示，首先用平行线把圆分割成尽可能多的部分。那么，圆的面积就等于所有细长部分的面积相加。很明显，圆的面积比包含这些细长部分的长方形的总面积小（上图中间），而比被这些细长部分包含的长方形的总面积大（上图右边）。

不过，随着分割出来的长方形越来越细长，近似求得的圆的面积就越准确。

这种求面积的方法叫作分割求积法。

"不要踩坏我的圆"

这种分割求积法同样适用于体积的求解。阿基米德在前图的基础上，构思出与平行线垂直的直径旋转后形成的圆柱体，由此求解半径为 r 的球体的体积。答案为 $\frac{4}{3}\pi r^3$。

利用类似的方法，阿基米德证明了半径为 r 的球体的表面积为 $4\pi r^2$。

据说，当古罗马军队攻入叙拉古街头的时候，阿基米德仍蹲在沙地上画圆，专注于自己的研究。然而，当一名士兵踩到地上的圆时，阿基米德大喊道："不要踩坏我的圆！"随后，他倒在了这名士兵的长枪之下。

纪念发现的墓碑图形

阿基米德的墓碑上刻着下图所示的图形，这可能是为了纪念它是由阿基米德发现的。

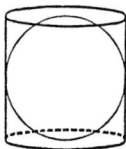

若令该图底面圆的半径为 r，则外部直圆柱的体积为 $2\pi r^3$，它的 $\frac{2}{3}$ 等于内部球体的体积。此外，这个直圆柱的侧面积为 $4\pi r^2$，与球体的表面积相等。

6. 阿波罗尼奥斯

直圆锥

如前文所述，数学史上最先研究圆锥曲线的是梅内克缪斯，而将圆锥曲线研究透彻，并归纳出统一思想的数学家则是亚历山大时期的阿波罗尼奥斯。下面我将基于阿波罗尼奥斯的观点，介绍一下圆锥曲线的内容。

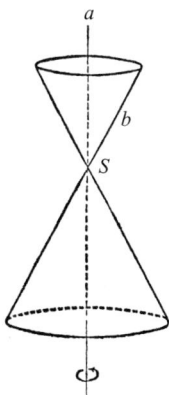

首先，在一定空间内构思出相交于点 S 的两条直线 a 与 b，如果以 a 为轴令 b 转动一周，就能得到上图中的曲面，我们称之为直圆锥。在该图中，点 S 为直

圆锥的顶点，直线 a 为轴，各个位置的直线 b 叫作圆锥母线。

椭圆、抛物线、双曲线

　　若在顶点 S 一侧用一个与母线相交的平面去截这个直圆锥，则截面上会出现一条封闭的曲线，这种曲线叫作椭圆。如果进一步倾斜截面中的平面角度，使其与一条母线平行，那么截面上会出现一条向一端无限延伸的曲线，这种曲线叫作抛物线。如果进一步倾斜截面中的平面角度，使该平面在顶点 S 的两侧截母线，那么截面上会出现两条向两端无限延伸的曲线，这种曲线叫作双曲线。

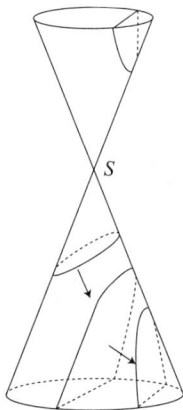

椭圆、抛物线、双曲线统称为圆锥曲线。此外，当一个不与轴垂直的平面经过顶点截直圆锥时，截面为一个点或两条相交直线。当一个与轴垂直的平面截直圆锥时，截面为一个点或圆形。因此，两条相交直线和圆也可称为圆锥曲线。

椭圆的性质

椭圆可定义为"到两定点的距离之和等于定长的点的轨迹"。下面让我们对这一性质进行证明，请看下图。

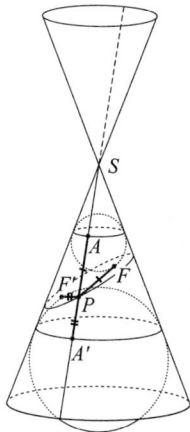

首先，在截直圆锥的平面两侧各构思出一个球体，使其与截直圆锥的平面相切，同时也与直圆锥相切。

设较小的球与平面的切点为 F，较大的球与平面的切点为 F'。显然，球体与直圆锥沿着一个圆相切。

在截面的曲线上任意取一点 P，设经过 P 的母线 SP 与两个球体和直圆锥相切圆的交点分别为 A 和 A'。

那么，PF 与 PA 均为经过点 P 与同一个球体相切的切线，所以它们的长度相等。同理，PF' 与 PA' 均为经过点 P 与同一个球体相切的切线，所以它们的长度相等。因此

$$PF + PF' = PA + PA' = AA'$$

AA' 的长度与 P 的位置无关，其值为常数。因此，点 P 到两个定点 F、F' 之间的距离之和为常数。在这种情况下，F 和 F' 叫作椭圆的焦点。

椭圆的画法及焦点的性质

我们根据以上性质可以轻松画出椭圆。例如，在被选为焦点的位置固定两颗大头针，把一条长度适中的线结成环形，并将环形线套在两颗大头针外，用铅笔尖拉住环形线并环绕一周，铅笔尖就能画出一个椭圆。原理显而易见，铅笔尖 P 到两颗大头针的距离之和等于定长。

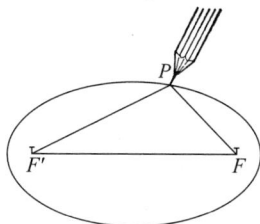

椭圆的画法

如果把椭圆的内边缘视为镜面，从一个焦点 F 发出的光线经过镜面反射后，将全都汇聚到另一个焦点 F' 处。因此，如果焦点 F 是一个发热的光源，点 F' 就会被烧焦。焦点的名字就是这么来的。

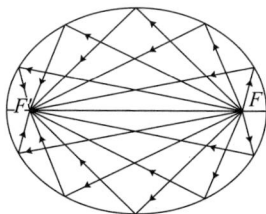

椭圆焦点的性质

抛物线的性质及用途

抛物线可定义为"平面内与一定点和一定直线的距离相等的点的轨迹"，其中定点叫作抛物线的焦点，定直线叫作准线。

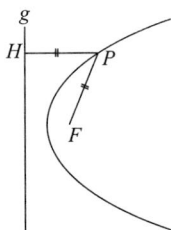

抛物线

如果把抛物线的内边缘视为镜面,从其焦点发出的光线经过镜面反射后,全都变为平行的光线。

反过来思考,平行于抛物线轴的光线经过抛物线的镜面反射后,将全都汇聚于点 F。

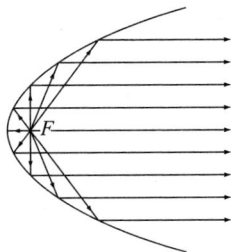

抛物线焦点的性质

因此,抛物线经常被用于制造平行光线和采集来自远处的电磁波(包括可见光)。

双曲线的性质及其魔力

双曲线可定义为"与两个定点的距离差是常数的点的轨迹"。这两个定点叫作双曲线的焦点。

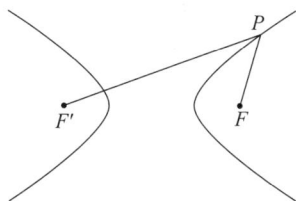

双曲线

如果把双曲线的内边缘视为镜面,在一侧的焦点处放置光源,从该焦点发出的光线经过镜面反射后,会全部变为好似从另一个焦点散发出的光。

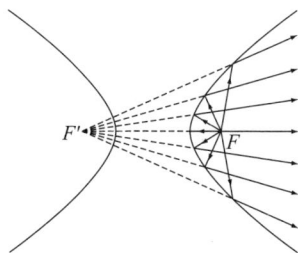

双曲线焦点的性质

7. 射影几何学

文艺复兴与透视法的起源

众所周知，造型艺术在意大利文艺复兴时期走向一个巅峰。另外，当时的宗教建筑大量兴建，所以人们热衷于研究立体几何学，尤其是立体实用几何学。凿石等技艺便是在这一时期发展起来的。

关于造型艺术中的绘画，文艺复兴时期之前的画法完全忽视了透视关系。文艺复兴时期，注意到这一点的人们开始研究透视法。

所谓透视法，就是指我们在纸上再现眼中所见的方法。

立方体的透视图

例如，在物体 $ABCD$ 与眼睛 S 之间放置一个平面 α。然后，分别连接点 S 与点 A、B、C、D，若 SA、SB、SC、SD 与平面 α 的交点分别为 A'、B'、C'、D'，则 $A'B'C'D'$ 就是通过透视法得到的物体 $ABCD$ 的像。

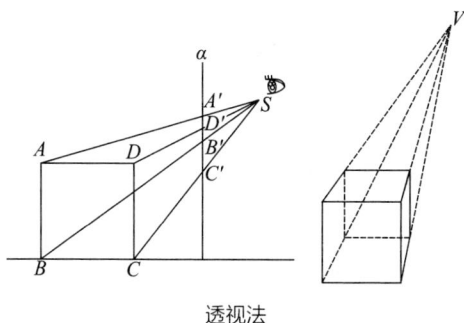

透视法

如上图中的右图所示，根据该方法可以画出立方体的透视图。需要注意的是，实际物体中所有互相平行的线，看上去均为集中于同一点 V 的直线。这是为什么呢？

平行线汇集的消失点

假设地面上有两条互相平行的直线 l 和 m，在眼睛 S 与两条直线之间放置一个平面 α。令 l 和 m 与 α 的交点分别为 L 和 M。L 和 M 就是通过透视法得到的像。

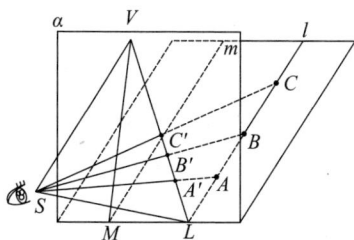

消失点

若点 L 在直线 l 上逐步移动到越来越远的 A、B、C 三点，则通过透视法得到的像会在平面 α 上逐步向 A'、B'、C' 三点移动。

令经过点 S 且与 l 平行的直线与平面 α 相交于点 V，随着点 A 在直线 l 上移动至无穷远处，它的像将会沿着直线逐步靠近点 V。

因此，直线 l 的透视图像为线段 LV。同理，直线 m 的透视图像为线段 MV。

平面图形的射影与截断

研究过透视法的艺术家包括意大利的阿尔贝蒂（1404—1472）、弗兰切斯卡（1420—1492）和达·芬奇（1452—1519）。德国画家丢勒（1471—1528）则把透视法引入了德国。

前文中出现了两个概念。第一个概念是射影：如果平面 α 上存在一个图形，那么不在该平面上的点 S 与这个图形上所有点相连的直线，就是点 S 在这个图形上的射影。第二个概念是截断：若存在一个汇聚于点 S 的图形，令不通过点 S 的平面 α' 与该图形相交，则叫作平面 α' 截断该图形。

射影与截断的实例

假设平面 α 上有三角形 ABC，不在 α 上的点 S 分别与 A、B、C 连接作直线，直线 SA、SB、SC 即为 S 在三角形 ABC 上的射影。另外，SA、SB、SC 构成的图形与不通过点 S 的平面 α′ 相交于点 A′、B′、C′，则称平面 α′ 截断该图形。

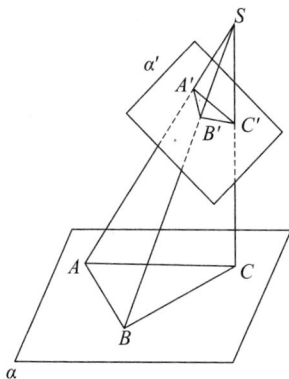

三角形的射影

在该例子中，也可以说平面 α 上的三角形 ABC 由点 S 向平面 α′ 上射影，得到了三角形 A′B′C′。该射影让点、直线、直线上的点、汇聚于一点的直线一一对应地转移到点、直线、直线上的点、汇聚于一点的直线。

射影几何学的两个重要定理

法国的德萨格（1591—1661）、帕斯卡（1623—1662）、彭赛列（1788—1867）等数学家使用射影与截断的方法研究了图形的性质。这种几何学现在叫作射影几何学。

下面我们来看两个例子。第一个例子是德萨格发现的定理，具体内容为"连接两个三角形 $A_1B_1C_1$ 和 $A_2B_2C_2$ 对应的顶点 A_1 与 A_2、B_1 与 B_2、C_1 与 C_2，若得到的三条直线 A_1A_2、B_1B_2、C_1C_2 的延长线汇聚于一点，则对应的边 B_1C_1 与 B_2C_2、C_1A_1 与 C_2A_2、A_1B_1 与 A_2B_2 的延长线的各个交点 X、Y、Z 在同一条直线上"。

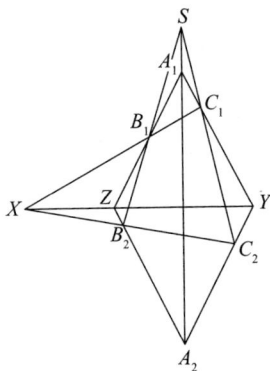

德萨格定理

第二个例子是帕斯卡发现的定理，具体内容为
"内切于圆锥曲线的六边形 *ABCDEF* 的对边 *AB* 与 *DE*、
BC 与 *EF*、*CD* 与 *FA* 的延长线的各个交点 *X*、*Y*、*Z* 在
同一条直线上"。

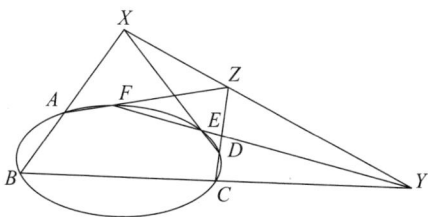

帕斯卡定理

德萨格定理和帕斯卡定理是射影几何学中最重要
的两个定理。

第 4 章　17 世纪的数学

1. 解析几何学

两条线段确定平面内的点的位置

下面让我们回到古希腊数学的话题。古希腊人已经掌握了以下方法来确定平面内的点的位置。

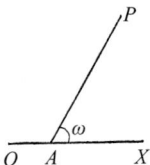

首先，从平面内的一点 O 引出一条射线 OX。假设该平面内存在一点 P，通过点 P 引出一条射线与射线 OX 相交于点 A，两条射线的夹角为 ω。

因此，若平面内存在一点 P，则能通过上述操作确定两条线段 OA、AP。反过来，若给出线段 OA、AP 的长度，则能通过反向操作确定该平面内的点 P。

其他确定方法

还有另外一种确定平面内的点的方法。首先，在平面内画出两条夹角为 ω 的直线 OX 与 OY。若在平面

内给出一点 P，通过点 P 分别作 OY、OX 的平行线，它们与 OX、OY 的交点分别为 A 和 B，则能确定两条线段 OA、OB 的长度。

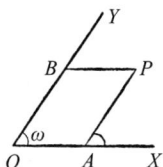

反过来，若给出线段 OA、OB 的长度，则能通过反向操作确定该平面内的点 P 的位置，即使角 ω 为直角也没有影响。

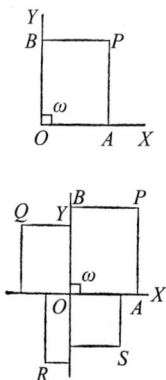

以上数学观点与现在的坐标轴的概念①几乎完全相同，但当时还没有长度为负值的概念。如果当时存在这种概念，那么上页底图中的 Q、R、S 的位置也可用同样的方法来表示。

古希腊人与抛物线

下面我向大家介绍古希腊人是如何利用上述数学思想研究抛物线的。

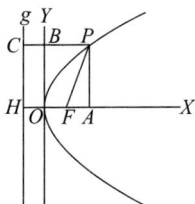

如上图所示，抛物线是指与一个定点 F 和一条定直线 g 的距离相等的点 P 的轨迹。首先，假设从点 F 到直线 g 的垂线为 FH，FH 的中点为 O。

然后，假设从点 O 向点 F 引出的射线为 OX，在点 O 处作 OX 的垂线 OY。从抛物线上任意一点 P 向 OX、OY 及直线 g 引垂线，相应的垂足分别为 A、B、

① 因此下文所展现的某些图并非今天的平面直角坐标系，故未标注箭头。——编者注

C。那么，PF 与 PC 应该相等。因为

$$PF^2 = FA^2 + AP^2$$
$$= (OA - OF)^2 + AP^2$$
$$PC^2 = (PB + BC)^2$$

注意 BC、OH、OF 是相等的，且根据抛物线的性质可知 $PC = PF$，所以

$$(PB + BC)^2 = (OA - OF)^2 + AP^2$$

因为

$$BC = OH = OF$$
$$PB = OA$$

所以，经整理后可得

$$AP^2 = 4 \cdot OF \cdot OA$$

若用 x 表示 OA，y 表示 AP，a 表示 OF，则上述等式可转换为

$$y^2 = 4ax$$

用方程解泰勒斯的问题

古希腊人把 y^2 解释为边长为 y 的正方形的面积，把 ax 解释为边长为 a 和 x 的长方形的面积。那么，上面的等式就可以解释为边长为 y 的正方形的面积是边

长为 a 和 x 的长方形的面积的 4 倍。

古希腊人利用这一数学思想解决了前面提到的泰勒斯的问题，即"作一个立方体，使它的体积是已知立方体体积的两倍"。

因此，假设已知立方体的边长为 a，所求立方体的边长为 x，该问题就变成了求满足 $x^3 = 2a^3$ 的 x。

立方体问题的解决

希波克拉底把泰勒斯的问题归结为求解满足以下条件的 x 和 y 的问题。

$$a : x$$
$$= x : y$$
$$= y : 2a$$

由该条件可知

$$ay = x^2$$
$$y^2 = 2ax$$

这两个等式本质上都是抛物线的表达式，若绘制这两条抛物线的图像，可以得到开口沿着 OX 方向的抛物线和开口沿着 OY 方向的抛物线，梅内克缪斯发现 O 以外的交点 x 给出了泰勒斯问题的解，即满足 $x^3 = 2a^3$ 的 x。

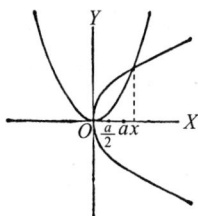

对古希腊的碎片化数学进行规整

如今，我们把以上内容叫作解析几何学。坐标的数学思想、图像的方程、表示方程的图像等数学思想在古希腊数学史上都属于碎片化的数学研究成果。法国数学家费马（1601—1665）在充分调查梅内克缪斯和阿波罗尼奥斯的研究成果，并进行系统整理后，使解析几何学发展成了现在的样子。下面让我们用现在的符号来复习一下这部分内容。

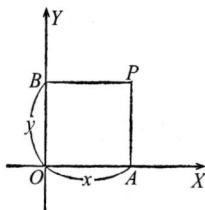

首先，过平面内的点 O 画两条直线 OX 与 OY。这里要求 OX 逆时针旋转 90° 后与 OY 重合（如上页底图所示）。

假设该平面内存在任意一点 P，从点 P 向 OX、OY 引垂线，相应的垂足分别为 A、B。令

$$OA = x$$
$$OB = y$$

若点 A 位于 OX 的负方向，则 x 为负值；若点 B 位于 OY 的负方向，则 y 为负值。

曲线上的点与两个数之间的关系

若平面内存在一点 P，则可确定与其对应的一组数 (x,y)。反之，若确定了一组数 (x,y)，则可通过逆向操作来确定平面内点 P 的位置。因此，这组数 (x,y) 叫作点 P 的坐标。想必大家都很熟悉，OX 叫作 X 轴，OY 叫作 Y 轴，二者结合起来叫作坐标轴。

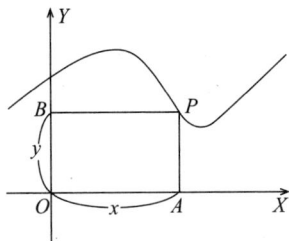

　　假设平面内有一条曲线（如上页图所示），并将该曲线视为点 P 的运动轨迹。既然点 P 在曲线上移动，那么点 P 的坐标 (x,y) 就不能随意变化了。x 与 y 之间一定保持某种固定的关系。今天，我们用 $f(x,y)=0$ 来表示 x 与 y 之间的关系。

　　反之，如果满足这种关系的 x 与 y 发生变化时，以 (x,y) 为坐标的点 P 会沿着原来的曲线移动，那么曲线对应的方程就是 $f(x,y)=0$，即表示该方程的图像就是原来的曲线。

方程与表示方程的图像

　　费马确立了这一数学思想。从这一思想出发，把此前已知的曲线和方程罗列出来则如下图所示。

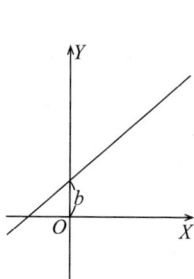

方程　$y=mx+b$
（m 为斜率）

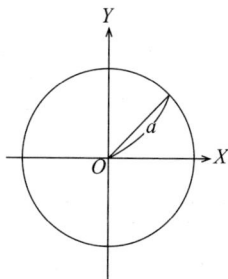

方程　$x^2+y^2=a^2$
（a 为半径）

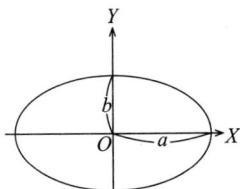

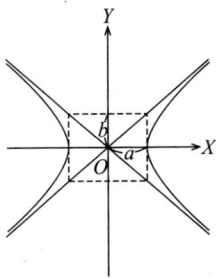

方程 $\dfrac{x^2}{a^2} + \dfrac{y^2}{b^2} = 1$

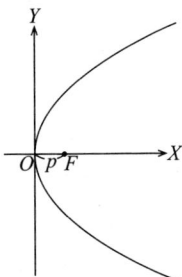

方程 $y^2 = 4px$

方程 $\dfrac{x^2}{a^2} - \dfrac{y^2}{b^2} = 1$

在双曲线中，曲线上的点离点 O 越远，双曲线的形状越接近于直线，这种直线叫作双曲线的渐近线。

笛卡儿以前的 x 与 y

无论是古希腊的数学家还是费马，他们都把方程中出现的 x、y、a、b、p 等字母视为表示线段长度的符号。因此，x^2 表示边长为 x 的正方形的面积，而 px 则

表示边长为 p 和 x 的长方形的面积。

那么，诸如 $y=x^2$ 这种形式的等式就没有意义了。之所以这么说，是因为等式左边的 y 表示线段的长度，等式右边的 x^2 表示边长为 x 的正方形的面积。线段长度等于正方形面积的等式毫无意义。

法国数学家笛卡儿为这种形式的等式赋予了意义，从而促进解析几何学发展成了今天的模样。

被赋予意义的 $y=x^2$

笛卡儿把直线 OX 与 OY 的交点 O 设定为原点，并在两条直线上标注长度适宜的数值。假设从平面内任意一点 P 向 OX 引垂线的垂足为 A，向 OY 引垂线的垂足为 B，并为点 P 赋予一组数 (x,y)，分别对应 OA 所对应的数值 5 和 OB 所对应的数值 3。

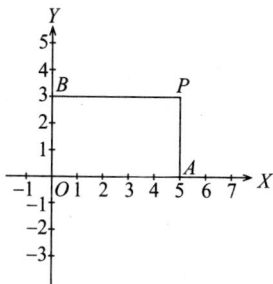

由此推广可知，平面内任意一点都对应一组数 (x,y)，一组数 (x,y) 可以确定任意一点的位置。因此，$y = x^2$ 这样的方程并非表示"长度等于面积"的意思，而是表示 x 与 y 满足这个方程的事实。

基于这种数学观点，若将方程 $y = x^2 - 2x - 3$ 画成曲线，则可得到下图所示的抛物线。

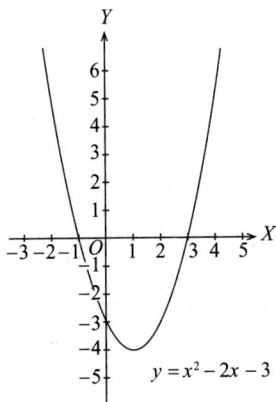

于是，解析几何学的研究从此步入正轨，并在后来微积分的发展中发挥了巨大作用。

2. 微分学

直线与圆的三种关系

下面让我们回到古希腊数学的话题。首先，古希腊的数学家研究了由直线构成的图形，如三角形、四边形等，也就是所谓直线图形。然后，他们开始了关于圆的研究工作。他们研究的第一个课题是直线与圆的公共点的个数问题，包括二者没有公共点、只有一个公共点、有两个公共点的情况。但是，为了确定仅有以上三种情况，就不得不证明直线和圆不会有三个及以上的公共点。

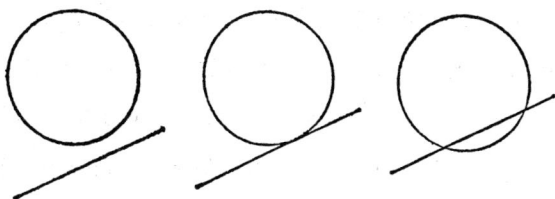

直线与圆的位置关系

仅有三种情况的证明

假设直线与圆有三个公共点 A、B、C。因为圆心

O 到这三个公共点的距离均为半径，所以它们的长度全都相等，即 $OA = OB = OC$。

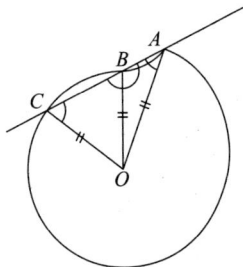

假设存在三个公共点

那么，三角形 OAB 为等腰三角形，所以其内角 $\angle OAB$ 和内角 $\angle OBA$ 相等。三角形 OBC 也为等腰三角形，其内角 $\angle OBC$ 和内角 $\angle OCB$ 也相等。

但是，点 B 处形成的两个内角相加后等于两个直角之和。因此，与二者分别相等的 $\angle OAB$ 和 $\angle OCB$ 的和也必须为两个直角之和。这意味着三角形 OAC 的两个内角相加等于两个直角之和，但这与三角形的三个内角之和等于两个直角之和的事实矛盾。

因此，直线与圆不存在三个及以上个数的公共点。

于是，古希腊的数学家把直线与圆没有公共点的情况叫作相离，把二者只有一个公共点的情况叫作相切，把二者有两个公共点的情况叫作相交。在直线和圆相切的情况下，公共点叫作切点，直线叫作切线。

OP 与切线垂直

古希腊的数学家发现，当直线与圆只有一个公共点时，也就是直线与圆相切于点 P 的时候，连接点 P 与圆心 O 后得到的半径与切线垂直。

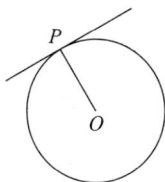

切线

他们的证明过程如下。

假设连接点 O 与 P 的半径与切线不垂直，那么通过 O 向切线引垂线的垂足 H 应该与 P 为不同的两个点。假设以点 H 为中心的点 P 的对称点为点 P'，那么 P 与 P' 也为不同的两个点。

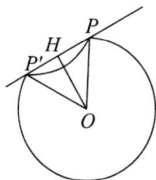

因为该图是以 OH 为对称轴的对称图形，所以 OP 与 OP' 的长度相等。但是，OP 为圆的半径，那么 OP' 也为该圆的半径。因此，点 P' 也为该圆上的点。

这意味着切线与圆有 P 和 P' 这两个公共点。但这和切线与圆仅有一个公共点的假设矛盾。因此，若直线与圆相切，则通过切点的半径与切线垂直。

从静态的数学到牛顿的数学

从研究给定图形性质的角度来说，以上所讲的古希腊几何学属于静态的几何学。

英国数学家牛顿（1643—1727）不仅研究了几何学，还引入了动态的数学思想。下面我通过介绍牛顿的动态数学思想中的切线，来对比古希腊的静态数学思想与牛顿的动态数学思想。

首先，在以点 O 为圆心的圆周上取一点 P，然后在圆周上取一异于点 P 的点 Q，过点 P 与点 Q 作直线 PQ。点 Q 沿着圆周向点 P 无限靠近。在这种情况下，直线 PQ 将逐渐接近哪条直线呢？

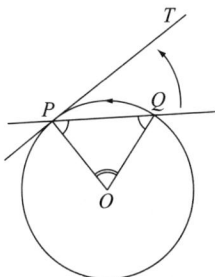

定义切线

如上图所示，因为 OP 与 OQ 均为圆的半径，所以二者的长度相等。那么，三角形 OPQ 为等腰三角形。因此，$\angle OPQ$ 与 $\angle OQP$ 相等，而且 $\angle OPQ$、$\angle OQP$、$\angle POQ$ 的和等于两个直角之和。

然而，若点 Q 沿着圆周向点 P 逐渐靠近，则 $\angle POQ$ 将无限接近于 0，那么 $\angle OPQ$ 与 $\angle OQP$ 都会逐渐接近直角。因此，若点 Q 沿着圆周向点 P 无限靠近，则直线 PQ 将向在点 P 处与 OP 垂直的直线 PT 无限靠近。

这种数学思想把圆的切线问题拓展到了普通曲线与切线的问题。

普通曲线及其切线

首先在曲线上确定一点 P。然后，在该曲线上取另一异于点 P 的点 Q，过点 P 与点 Q 作直线，点 Q 沿着曲线向点 P 无限靠近。

若直线 PQ 向经过点 P 的一条定直线 PT 无限靠近，则直线 PT 叫作该曲线在点 P 处的切线。

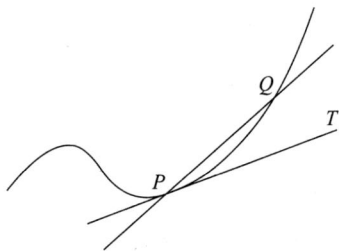

曲线的切线

综上所述，通过比较古希腊人与牛顿关于切线的思考方式，我们可以清晰地看出，古希腊人的数学思想是静态的，而牛顿的数学思想则更具动态性。

让我们根据这种动态的数学思想，来求解函数 $y = f(x)$ 的图像在点 P 处的切线吧。

$y=f(x)$ 的图像在点 P 处的切线

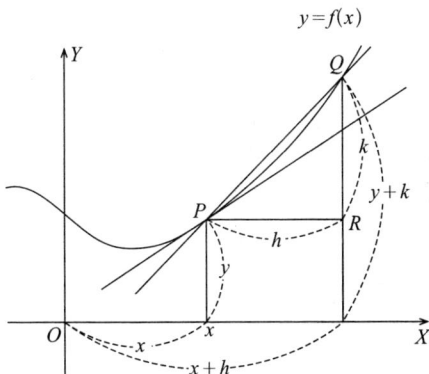

首先，假设点 P 的坐标为 (x, y)。然后，在该图像上取另外一点 Q，令其横坐标在点 P 的横坐标 x 的基础上增加 h、纵坐标在点 P 的纵坐标 y 的基础上增加 k。若从 Q 向 OX 引垂线，然后从点 P 向该垂线引垂线的垂足为 R，则

$$PR = h$$
$$RQ = k$$

所以，$\dfrac{k}{h}$ 表示直线 PQ 的斜率。但是

$$y + k = f(x + h)$$
$$y = f(x)$$

由此可知

$$\frac{k}{h} = \frac{f(x+h) - f(x)}{h}$$

若点 Q 向点 P 无限靠近，则 h 和 k 也会无限接近于 0。如果 $\frac{k}{h}$ 逐渐接近于一个常数，就表示直线 PQ 逐渐接近于一定的倾斜度。也就是说，在 h、k 无限接近于 0 的过程中，若 $\frac{k}{h}$ 逐渐接近于一个常数，则该数值为图像在点 P 处的切线斜率。

因为该切线的斜率是由点 P 的横坐标 x 确定的，所以可表示为 $y' = f(x)'$，叫作最初给定函数的导函数。下面我来举例说明。

导函数 $y' = f(x)'$ 的例子

第一个例子如下所示。

$$y = x^3$$
$$y + k = (x + h)^3$$
$$= x^3 + 3x^2h + 3xh^2 + h^3$$

由此可知

$$k = 3x^2h + 3xh^2 + h^3$$
$$\frac{k}{h} = 3x^2 + 3xh + h^2$$

因此

$$y' = 3x^2$$

第二个例子如下所示。

$$y = -3x^2$$
$$y + k = -3(x+h)^2$$
$$= -3x^2 - 6xh - 3h^2$$

由此可知

$$k = -6xh - 3h^2$$
$$\frac{k}{h} = -6x - 3h$$

因此

$$y' = -6x$$

最后一个例子如下所示。

$$y = 2$$
$$y + k = 2$$

由此可知

$$k = 0$$
$$\frac{k}{h} = 0$$

因此

$$y' = 0$$

若把以上三个函数相加可得

$$y = x^3 - 3x^2 + 2$$

则其导函数为

$$y' = 3x^2 - 6x$$
$$= 3x(x-2)$$

峰顶和谷底的导函数为 0

在函数图像的峰顶或谷底，切线斜率，也就是导函数应该为 0。因此，若令所求导函数为 0，则由 $3x(x-2)=0$ 可知

$$x=0 \text{ 或 } x=2$$

如果原函数图像具有峰顶或谷底，那么它们应位于 $x=0$ 或 $x=2$ 的位置。

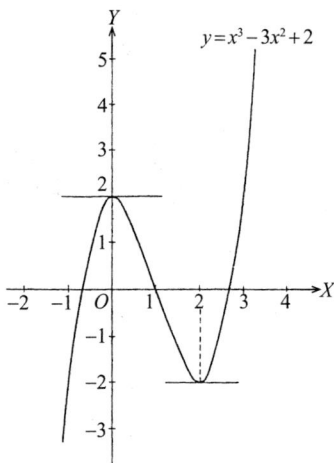

实际上，该函数的图像在 $x=0$ 时出现峰顶，在 $x=2$ 时出现谷底。

3. 积分学

分割求积法总是有效的吗

现在我们来思考一下夹在抛物线 $y=x^2$ 的图像与 X 轴之间的 x 从 0 到 2 的这部分的面积，也就是下图中左侧图的阴影面积。

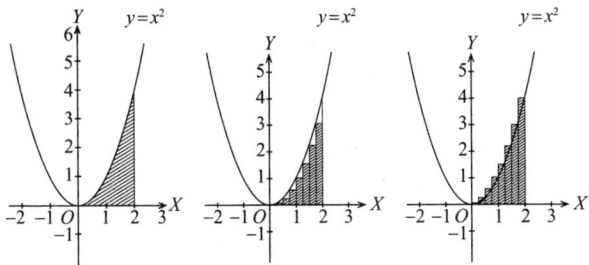

如前文所述，古希腊的数学家在求这种部分面积时，使用的分割求积法是求圆的面积的一种手段。所求面积比中间图的阴影面积大，而比右侧图的阴影面积小，求解方法就是无限切割细分 x 从 0 到 2 的部分。

对于由特殊曲线围起来的区域，这种分割求积法是非常有效的，但对于由普通曲线围起来的区域，该方法就不一定奏效了。

牛顿和莱布尼茨的方法

牛顿和莱布尼茨（1646—1716）提出了一种适用于求普通曲线围起来的面积的求积法。下面我们计算函数 $y = f(x)$ 的图像与 X 轴之间的面积，其中 x 的取值区间为 $[a, b]$。

假设该函数的图像与 X 轴之间的 x 从特定的 x_0 到一般的 x 这部分的面积为 $F(x)$，则所求面积为 $F(b) - F(a)$。

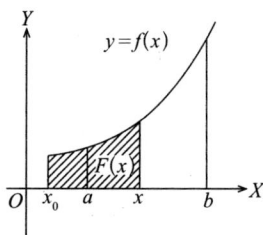

计算方法

牛顿和莱布尼茨精心钻研了以下计算方法。

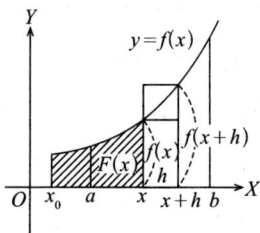

假设所求的区间面积不断增加（如上页底图所示），若使 x 增加正的 h，那么 $F(x)$ 增加的量应位于两个长方形之间。因此

$$hf(x) < F(x+h) - F(x) < hf(x+h)$$

$$f(x) < \frac{F(x+h) - F(x)}{h} < f(x+h)$$

若 h 接近于 0，则

$$F'(x) = f(x)$$

也就是说，表示所求面积的函数 $F(x)$ 的导函数与函数 $f(x)$ 相等。

不定积分与定积分

由函数求其导函数的运算是微分运算，其逆运算则是根据导函数求原函数。

导函数的全体原函数叫作导函数的不定积分，用符号表示为 $F(x) + c = \int f(x)\mathrm{d}x$（$c$ 为常数）。另外，$F(b) - F(a) = \int_a^b f(x)\mathrm{d}x$ 表示函数 $f(x)$ 从 a 到 b 的定积分。这些符号均出自莱布尼茨之手。

抛物线与 X 轴之间的面积

根据以上数学思想，我们来求 $y = x^2$ 这条抛物线与

X 轴之间的 x 从 0 到 2 部分的面积。

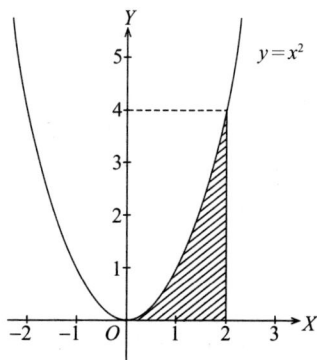

由 $y=x^3$ 可知 $y'=3x^2$，同样可以证明若 $y=\dfrac{1}{3}x^3+c$

（ c 为常数），则 $y'=x^2$。

因此，由

$$\int x^2\mathrm{d}x = \frac{1}{3}x^3 + c$$

可知

$$\int_0^2 x^2\mathrm{d}x = \frac{1}{3}(2^3 - 0^3) = \frac{8}{3}$$

也就是说，所求面积为 $\dfrac{8}{3}$。

第 5 章　拓扑学

1. 一笔画问题

拓扑的发源地

历史上的东普鲁士有座城市叫哥尼斯堡。在第二次世界大战期间，该城市曾被德军长期占据，直到 1945 年 4 月 9 日被苏军攻克。根据 1945 年 7 月发布的《波茨坦公告》，该城市划归苏联。

为了纪念苏联革命家米哈伊尔·伊万诺维奇·加里宁（1875—1946），该城市由哥尼斯堡改名为加里宁格勒。

可以说，现在的加里宁格勒、过去的哥尼斯堡就是下面介绍的拓扑学的发源地。

哥尼斯堡七桥问题

如下图所示，普雷格尔河横贯哥尼斯堡这座城市，河上架有七座桥，分别被标记为 1、2、3、4、5、6、7。

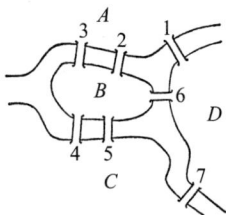

有一天，哥尼斯堡的一位市民提出了以下问题：
"一个步行者能否不重复、不遗漏地一次走完七座桥？"
其他市民认为该问题非常有趣，纷纷在地图上尝试了
各种行走路线。

做不到且无法证明

若按照下图中虚线标出的路线行走，从 *A* 区出发，
经过 1、6、2、3、4、7 这六座桥后到达 *D* 区，会遗漏
5 号桥。如果想经过 5 号桥，就不得不再次经过 6 号桥
或 7 号桥。

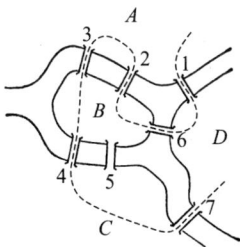

只走过六座桥

哥尼斯堡的市民绞尽脑汁研究这个问题，但谁也
无法给出答案。因此，他们开始怀疑"不重复、不遗
漏地一次走完七座桥"是不可能的，但是谁也证明不
了这一点。

一笔画问题

当时的数学家欧拉（1707—1783）听说了此事，对于这个"不可能"给出了两种巧妙的证明方法。下面我将介绍其中一种方法，那就是把该问题转换成一笔画问题，从而证明其不可能。

首先，把被普雷格尔河分隔开的四部分区域分别命名为 A、B、C、D，然后把连接着这四部分区域的七座桥 1、2、3、4、5、6、7 和 A、B、C、D 用线连接起来，可以得到下图。

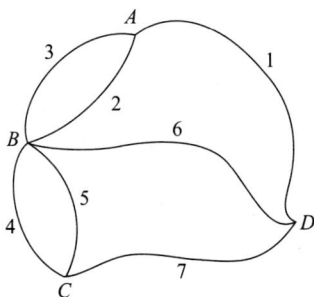

转换成一笔画问题

那么，"能否不重复、不遗漏地一次走完七座桥"的问题就变成了"能否一笔画出上面的图形"的问题，也就是所谓一笔画问题。

引出奇数条线的点 A

下面我们来研究可以一笔画出的图形。

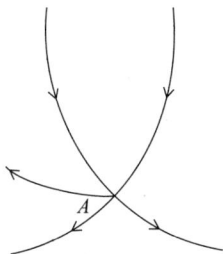

如上图所示,假设点 A 为一笔画的起点,而不是终点。那么,最初从 A 起笔时会从该点引出一条线。不过,在画图的过程中可能还会再次经过点 A,因为 A 不是终点,所以只是经过而非终止。每经过一次点 A,就会增加两条从 A 引出的线。[①]

因为 A 是起点,所以最初会引出一条线,后面每经过一次点 A 就增加两条线,那么最终从点 A 引出的线的数量为奇数。这种情况可以总结为:

(1)当一笔画的起点不是终点时,从起点引出的线的数量为奇数。

---

① 此处"引出的线"包括入边和出边。——编者注

引出奇数条线的点 *B*

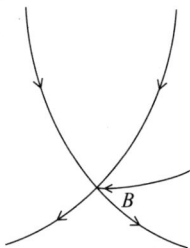

如上图所示，假设点 *B* 为一笔画的终点，而不是起点。那么，虽然点 *B* 不是起点，但在画图的过程中可能会经过点 *B* 多次。同样，每经过一次点 *B*，就会增加两条从 *B* 引出的线。此外，因为一笔画在点 *B* 结束，所以最后还会增加一条从 *B* 引出的线。

由于每经过一次点 *B* 就增加两条线，最后在点 *B* 结束会再增加一条线，因此最终从点 *B* 引出的线的数量为奇数。也就是说：

（2）一笔画从非起点的终点引出的线的数量为奇数。

引出偶数条线的点 A（B）

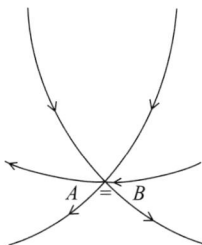

　　如上图所示，假设一笔画的起点同时也是终点。在这种情况下，我们可以把前面提到的点 A 和点 B 视为同一点。因为该点为一笔画的起点，所以最初会从该点引出一条线。在后面画图的过程中可能会经过该点多次，每经过一次就会增加两条线。此外，因为一笔画会在该点结束，所以最后还会从该点引出一条线。

　　综上所述，起笔增加一条线，每经过一次增加两条线，收笔再增加一条线，那么最终从该点引出的线的数量为偶数。也就是说：

　　（3）当一笔画的起点和终点为同一点时，从该点引出的线的数量为偶数。

引出偶数条线的点 C

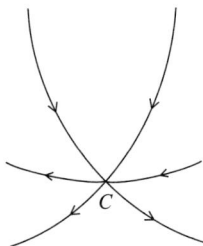

如上图所示，假设一笔画的点 C 既不是起点，也不是终点。在这种情况下，一笔画只是经过点 C。那么，无论经过点 C 多少次，每经过一次就会增加两条线。那么最终从点 C 引出的线的数量为偶数。也就是说：

（4）一笔画从既不是起点也不是终点的点引出的线的数量为偶数。

一笔画定理及其应用

前文已经分析了所有情况，由此可以得出一个重要定理：一个图形要能一笔画成，必须满足引出奇数条线的点为起点或终点。

首先，让我们通过下页图所示的著名一笔画问题来了解该定理的应用。

平面内有六个点 A、B、C、D、E、F，其中从 A 和 B 引出的线有奇数条，从 C、D、E、F 引出的线有偶数条。那么，对于 A 和 B 而言，二者中的一点必须为起点，另一点必须为终点。只要记住这一点，得到一笔画的路径就不是难事了。

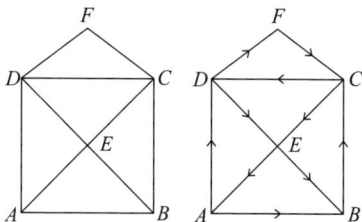

一笔画的应用

例如，从上面右侧图中的 A 点开始，在 B 点结束，便能得到一笔画的路径。

如果从 A、B 以外的点开始，则该图形绝对不能一笔画成。

若去掉"屋顶"则违背定理

那么，从这个著名的一笔画图形中去掉"屋顶"的部分，变成下面的图形后，能否一笔画成呢？

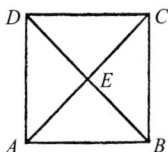

可以看到，在该图形中引出奇数条线的点为 A、B、C、D 这四个点。那么，根据前面的定理可知，这四个点必须为起点或终点。然而，不可能有四个点都为起点或终点，所以该图形不能一笔画成。

欧拉对哥尼斯堡七桥问题的解答

基于以上定理，让我们重新思考哥尼斯堡七桥问题。这个问题可转换为下图所示的一笔画问题。

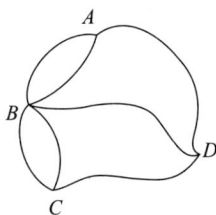

该图中有 A、B、C、D 四个点。从这些点引出的线的数量有 3 条或 5 条，也就是奇数条。那么，根据前面的定理可知，这四个点必须全部为起点或终点。

然而，这是不可能的，所以该图不能一笔画成。

因此，对于哥尼斯堡七桥问题，欧拉给出的结论是：一个步行者无法不重复、不遗漏地一次走完哥尼斯堡的七座桥。

2. 拓扑学概览

即使发生形变，性质也保持不变

下面我们把前文提到的一笔画图形画到一张橡胶膜上，然后拉住 *A*、*B*、*C*、*D*、*F* 这五个角。

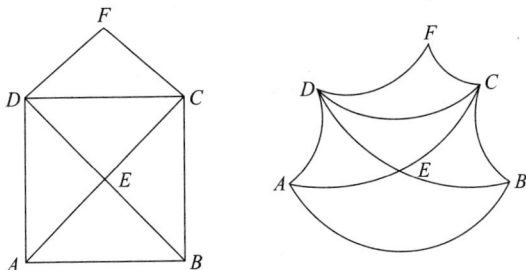

上图左侧的一笔画图形会发生上图右侧图形这种扭曲。但是，尽管图形发生了扭曲，一笔画成的性质依然保持不变。也就是说，形变后的图形依然能一笔画成。

因此，发生形变的橡胶膜具有以下性质：点发生移动时，最初相距较远的点在移动后依然相距较远。同样，最初相距较近的点在移动后依然相距较近。

拓扑变换与其条件

一般来说，当对一个图形施加某种操作，使其变为另一个图形时，如果满足以下条件，则称之为拓扑变换。

（1）这种变换是一一对应的。

也就是说，最初图形上的一点仅对应发生变换后的图形上的一点，变换后的图形上的一点仅对应最初图形上的一点。

（2）这种变换是连续的。

也就是说，在最初的图形上取两点 P 和 Q，若使点 Q 向点 P 无限靠近，则在变换后的图形上对应的点 Q' 也会向点 P' 无限靠近。

反过来，若变换后的图形上的点 Q' 向点 P' 无限靠近，则在与之对应的最初图形上相应的点 Q 会向点 P 无限靠近。

如前文所述，一个图形能否一笔画成的性质在拓扑变换中保持不变。这种只着眼于在拓扑变换中保持不变的性质的几何学叫作拓扑学。

拓扑变换中保持不变的性质

下面举例说明拓扑变换中保持不变的性质。

　　首先，想象平面内有一条连续且封闭的曲线。我们把这样的曲线称为简单闭曲线。

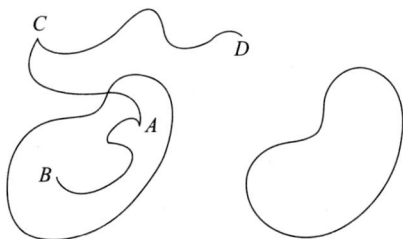

简单闭曲线

　　显然，简单闭曲线具有以下性质："简单闭曲线把整个平面分为两部分，分别叫作内部和外部。"有边界的部分为内部，没有边界的部分为外部。

　　对于该简单闭曲线而言，位于其内部的两点 A 和 B 仍然在内部被某条连续曲线连接着，位于其外部的两点 C 和 D 仍然在外部被某条连续曲线连接着。不过，连接内部的点 A 和外部的点 C 的连续曲线一定与该简单闭曲线相交。

　　简单闭曲线的这种性质属于拓扑变换中保持不变的性质，由于若尔当（1838—1922）在其著作《分析教程》中首次提出这一理论，因此它被称为若尔当定理。

单连通区域和多连通区域

在平面内画出一个圆，然后在该圆的内部构想出一条简单闭曲线，这条闭曲线在圆的内部可以通过连续变形缩成一点。

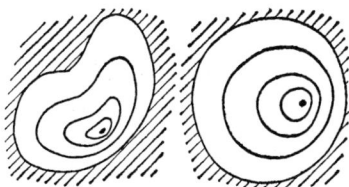

如前文所述，即使发生拓扑变换，这种性质也保持不变。

因此，当一区域内的简单闭曲线可以通过连续变形收缩成一点时，我们称该区域为单连通区域。

下面我们来思考夹在两个同心圆之间的区域。闭曲线在该区域内通过连续变形后不能缩成一点。因此，该区域不是单连通区域。

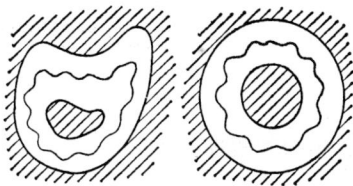

即使同心圆发生拓扑变换，这种性质也保持不变。

一般来说，我们把这种非单连通区域叫作多连通区域。

双连通区域及三、四连通区域

但是，如果把前面夹在同心圆之间的区域像上图左侧图形那样从边界到边界切割出一个开口，就能将其变成单连通区域。我们把这种区域叫作双连通区域。

同样，我们也可以定义三连通区域、四连通区域等多连通区域。上图右侧图形就是四连通区域的一个例子。

某区域为 n（正整数）连通区域的性质叫作拓扑性质。

球面、环面和简单闭曲线

下面来看立体图形的例子。

首先，我们尝试在一个球面上画出简单闭曲线。该闭曲线会把球面分成两部分。也就是说，若沿着这条闭曲线切割球面，球面会分成两部分。

然后，我们再来看看诸如甜甜圈、救生圈等环面。在环面上画的简单闭曲线未必能把环面分成两部分，如下图所示。也就是说，即使沿着这条简单闭曲线切割环面，也不能将其分成两部分。

不过，如果再画出另一条简单闭曲线，就一定能把环面分成两部分，例如下图所示的简单闭曲线。

无法把甜甜圈一分为二的线数

可以说环面是有一个洞的曲面,下面我们来思考有两个洞的曲面。

当然,在有两个洞的曲面上画出的一条简单闭曲线无法把该曲面分成两部分。该曲面上画的两条简单闭曲线也不能将其分成两部分。

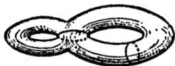

但是,若在该曲面上画出三条简单闭曲线,则一定能把该曲面分成两部分。

对于这种封闭的曲面,可以推导出无法把曲面分成两部分的简单闭曲线的数量。我们把这一数量叫作亏格。

正如前文所述,球面的亏格为 0,环面的亏格为 1,有两个洞的曲面的亏格为 2⋯⋯一般来说,有 p 个洞的曲面的亏格为 p,而且即使发生拓扑变换,曲面的亏格也保持不变。

3. 多面体

顶点数 - 边数 + 面数 = 2

前面已经讲过，毕达哥拉斯学派的学者证明了正多面体只有 5 种，分别是正四面体、正六面体、正八面体、正十二面体和正二十面体。

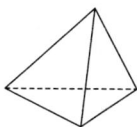
正四面体

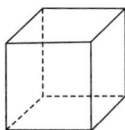
正六面体

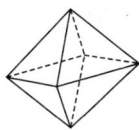
正八面体

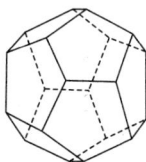
正十二面体

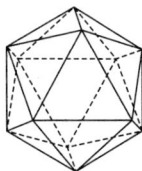
正二十面体

通过观察上图中各个正多面体的顶点数、边数和面数，统计后可得到下页的表。

	顶点数	边数	面数
正四面体	4	6	4
正六面体	8	12	6
正八面体	6	12	8
正十二面体	20	30	12
正二十面体	12	30	20

通过计算可以发现，顶点数减边数再加面数的结果均为 2。

顶点数　边数　面数
$$\begin{array}{ccc} \vdots & \vdots & \vdots \end{array}$$
$$4 - 6 + 4 = 2$$
$$8 - 12 + 6 = 2$$
$$6 - 12 + 8 = 2$$
$$20 - 30 + 12 = 2$$
$$12 - 30 + 20 = 2$$

这就是欧拉定理

若用 V 表示顶点数、E 表示边数、F 表示面数，则 $V - E + F = 2$ 这个等式恒成立。解决一笔画问题的欧拉证明了"对于亏格为 0 的多面体，该等式恒成立"。例如下面这个多面体，顶点数为 8，边数为 14，面数为

8，所以 8 − 14 + 8 = 2。这个事实叫作欧拉定理，下面
我来介绍该定理的证明过程。

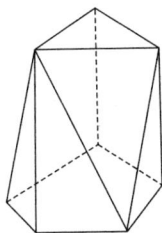

顶点数	边数	面数
⋮	⋮	⋮
8	14	8

因此

$$8 - 14 + 8 = 2$$

先去掉顶部的三角形

首先，去掉这个多面体的一个面，例如顶部的三
角形。去掉这个面后，面数 F' 减少了 1，所以只要对
下页中图（1）的多面体证明 $V - E + F' = 1$ 成立即可。

去掉一个面后，把剩下的表面变形、展开、平放
到一平面上，由此可得到图（2），其中包含三角形、
四边形和五边形。

然后，如图（3）中虚线所示，通过画对角线的方
式把四边形和五边形分成三角形。

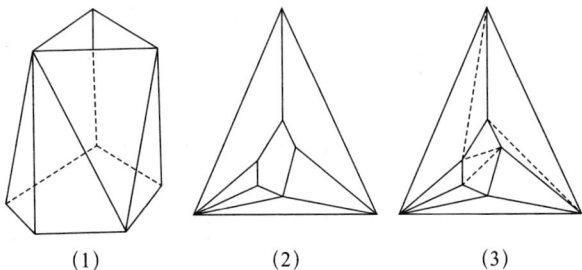

（1）　　　　　　（2）　　　　　　（3）

那么，每画一条对角线，顶点数 V 保持不变，边数 E 增加 1，面数 F' 也增加 1，所以需要证明的等式的数值保持不变。

去掉最外侧的边

接下来去掉图（4）最外侧的一条边。那么顶点数 V 保持不变，边数 E 减少 1，面数 F' 减少 1，所以需要证明的等式的数值依旧保持不变。

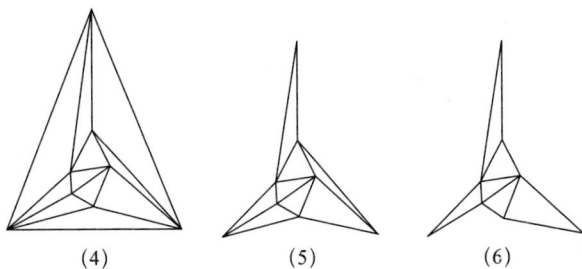

（4）　　　　　　　　（5）　　　　　　　　（6）

反复执行三次这种操作后便能得到图（5），如果进一步去掉该图外侧三角形的一边，就能得到图（6）。

去掉最外侧的顶点

然后，去掉最外侧三角形的一个顶点以及相交于该顶点的两边。此时顶点数 V 减少 1，边数 E 减少 2，面数 F' 减少 1，所以需要证明的等式的数值保持不变。

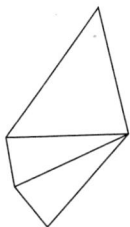
（7）

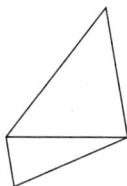
（8）

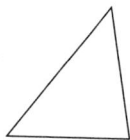
（9）

如果对图（6）执行三次这种操作，就会得到上图中的图（7），如果继续去掉最外侧三角形的一个顶点以及相交于该顶点的两边，就会依次得到图（8）、图（9）。而且，如前文所述，经过以上一系列操作后，需要证明的等式的数值保持不变。

证明完毕

于是，最后只剩一个三角形。对于该三角形而言，顶点数 V 为 3，边数 E 为 3，面数 F' 为 1，所以需要证明的等式的数值为 1，即 $V - E + F' = 1$。由 $F' = F - 1$ 可知，$V - E + F = 2$。综上所述，欧拉定理的证明就此结束。

对于亏格为 p 的多面体，欧拉还证明了以下等式成立。

$$V - E + F = 2 - 2p$$

该等式的右侧叫作多面体的欧拉示性数。

多面体的亏格和欧拉示性数在拓扑变换中都保持不变。

第 6 章　集合

集合的定义

数学有一个分支领域叫作集合论。集合是指由一堆事物汇总而成的集体，而论述由无穷多个事物构成的集体的领域就叫作集合论。德国哈雷-维滕贝格大学教授康托尔（1845—1918）是集合论的创始人。

然而，关于集合中包含无穷多个事物的论述较为复杂，这里仅介绍集合包含有限个事物的情况，以便让大家了解集合的几个性质。

1. 排队方式的集合

"可能性的集合" 的处理方法

首先，让我们思考以下问题：

"我们想对 A 和 B 两人进行排队拍照。请列举出所有排队方式。"

这道题很简单。当 A 和 B 两人排成一列时，其可能性仅有两种。我们把这两种情况的集合叫作可能性的集合，用以下符号表示。

$$\{AB, BA\}$$

也就是说，列举出所有可能性后，用大括号将其 "包" 起来。

我们接下来要处理很多集合，因此姑且用字母 I 来表示这个可能性的集合，其形式如下。

$$I = \{AB, BA\}$$

三人排队方式的集合

"我们想对 A、B、C 三人进行排队拍照。请列举出所有排队方式。"

当排队拍照的人数增至 3 人时，情况变得有些复杂。我们可以按照一定顺序列举出所有情况，以防遗漏某些排队方式。

首先，从 A、B、C 三人中选定排在最左侧的一人。

第一种情况假设排在最左侧的人为 A。那么，排在 A 右侧的人就要从 B 和 C 中选。若 B 排在 A 的右侧，则最右侧为 C。若 C 排在 A 的右侧，则最右侧为 B。

第二种情况假设排在最左侧的人为 B。那么，排在 B 右侧的人就要从 A 和 C 中选。若 A 排在 B 的右侧，则最右侧为 C。若 C 排在 B 的右侧，则最右侧为 A。

第三种情况假设排在最左侧的人为 C。那么，排在 C 右侧的人就要从 A 和 B 中选。若 A 排在 C 的右侧，则最右侧为 B。若 B 排在 C 的右侧，则最右侧为 A。

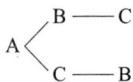

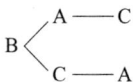

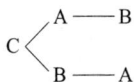

三人排队方式数量的计算方法

　　刚才我们列举出了所有情况，所以 A、B、C 三人排队拍照的所有可能性的集合为 $I = \{ABC, ACB, BAC, BCA, CAB, CBA\}$。

　　一般来说，构成一个集合的各个事物叫作该集合的元素。三人排队方式可能性的集合包含 6 个元素，那么你知道 6 这个数量是怎么来的吗？

　　对于排队方式而言，从 A、B、C 三人中选定一人排在最左侧的情况共有 3 种。对于每种情况来说，排在左数第二个位置的人是排在最左侧的人以外的两人中的一个。因此，排在左数第二个位置的情况共有 2 种。那么，排在左数前两个位置的排队方式共有 3×2 种。因为左数前两个位置的人确定以后，就只剩下一人排在最右侧，所以三人排队方式的数量为 $3 \times 2 \times 1 = 6$。

四人及以上的计算方法也为阶乘

　　四人排队方式数量的计算方法也是如此，即 $4 \times 3 \times 2 \times 1$。当然，五人排队方式的数量也可用该方法进行计算，即 $5 \times 4 \times 3 \times 2 \times 1$。

　　这种从某个数开始依次递减 1 直到 1 为止的连乘叫作该数的阶乘，用以下符号表示。

$$4 \times 3 \times 2 \times 1 = 4!$$
$$5 \times 4 \times 3 \times 2 \times 1 = 5!$$
$$6 \times 5 \times 4 \times 3 \times 2 \times 1 = 6!$$
......

从四人之中挑选两人排队的情况

"我们想从 A、B、C、D 四人之中挑选两人进行排队拍照。请列举出所有排队方式。"

这道题可以用前面的思路来处理。也就是说，先从 A、B、C、D 四人之中选出排在左侧的一个人。

如果选出 A 排在左侧，就从剩余的 B、C、D 三人中选出一个人排在右侧。如果选出 B 排在左侧，就从剩余的 A、C、D 三人中选出一个人排在右侧。如果选出 C 排在左侧，就从剩余的 A、B、D 三人中选出一个人排在右侧。如果选出 D 排在左侧，就从剩余的 A、B、C 三人中选出一个人排在右侧。

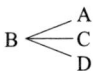

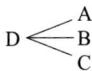

元素为 12 个的理由

综上所述，通过列举以上所有情况可知，这种可能性的集合如下。

$$I = \{AB, BA, CA, DA, AC, BC, CB, DB, AD, BD, CD, DC\}$$

这个集合包含 12 个元素，想必大家已经知道这个数量的由来了。因为要从 A、B、C、D 四人之中选出一个人排在左侧，所以这个位置的人有 4 种可能。对于每一种可能，都要从剩下的三人之中选出一个人排在右侧，那么这个位置有 3 种排队方式。因此，从四人之中挑选两人的排队方式数量为 $4 \times 3 = 12$。

了解这一点后，下一个问题就简单了。

从四人之中挑选三人排队的情况

"我们想从 A、B、C、D 四人之中挑选三人进行排队拍照。请列举出所有排队方式。"

结果如下所示。

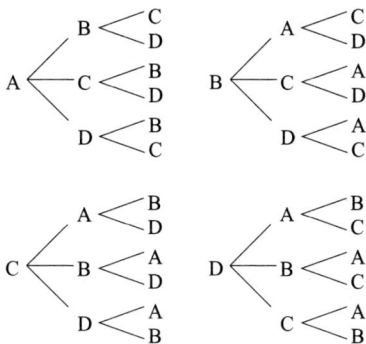

因此，这个可能性的集合如下。

$$I = \{ABC, BAC, CAB, DAB,$$
$$ABD, BAD, CAD, DAC,$$
$$ACB, BCA, CBA, DBA,$$
$$ACD, BCD, CBD, DBC,$$
$$ADB, BDA, CDA, DCA,$$
$$ADC, BDC, CDB, DCB\}$$

这个集合包含 24 个元素，因为 $4 \times 3 \times 2 = 24$。

2. 选择方式的集合

从四人之中选择两人的情况

前面讲述的是排队方式的集合。下面我们要研究的问题是选择方式的集合。首先，我们来思考以下问题：

"A、B、C、D 四人组成一个委员会。现在需要从中选择两位任常任委员。请列举出所有选择方式。"

我们在前面已经列举了从四人之中选择两人的所有排队方式，结果如下。

{AB, BA, CA, DA, AC, BC, CB, DB, AD, BD, CD, DC}

然而，我们现在需要思考的不是排队方式，而是选择方式。

对于排队方式而言，AB 与 BA 是两种不同的情况，但对于选择方式而言，AB 与 BA 则为同一种情况。

排队方式的半数

因此，在前文提到的排队方式中，包含选择方式相同的元素。因为 AB 与 BA、AC 与 CA、AD 与 DA、BC 与 CB、BD 与 DB、CD 与 DC 这些排队方式以两两成对的方式存在，所以如果将每对中的一方舍弃，就能得到选择方式的所有情况。

选择方式的集合包含 6 个元素，数量 6 的由来已经一目了然。也就是说，从四人之中选择两人进行排队的排队方式总数为 12。从选择方式的角度来看，排队方式中包含着两两成对的相同情况，所以选择方式的数量为排队方式的数量 12 除以 2，即 6。

关于从四人之中选择两人的选择方式数量，也可按照以下方式来思考。首先确定是否选择 A。如果选择 A，那么剩下的一个人就要从 B、C、D 中选出。所以，我们首先能想到的就是 AB、AC、AD 这三种组合。然后考虑不选择 A 的情况，就要确定是否选择 B。如果选择 B，那么剩下的一个人就要从 C、D 中选出。于是，我们能得到 BC、BD 这两种选择方式。如果既不选择 A 也不选择 B，那么选择方式就只有 CD 了。因此，最后得到以下六种选择方式。

$$\{AB, AC, AD, BC, BD, CD\}$$

从四人之中选择三人的情况

"从 A、B、C、D 四人之中选择三人。请列举出所有选择方式。"

我们在前面已经思考过从四人之中选择三人进行

排队拍照的排队方式，结果如下所示。

$$I = \{\underline{ABC}, \ \underline{BAC}, \ \underline{CAB}, \ DAB,$$
$$ABD, \ BAD, \ CAD, \ DAC,$$
$$\underline{ACB}, \ \underline{BCA}, \ \underline{CBA}, \ DBA,$$
$$ACD, \ BCD, \ CBD, \ DBC,$$
$$ADB, \ BDA, \ CDA, \ DCA,$$
$$ADC, \ BDC, \ CDB, \ DCB\}$$

但是，我们在此需要思考的不是排队方式，而是选择方式。

从选择方式的角度来看，排队方式中包含重复的元素。例如，对于上面的集合 I 中画有下划线的元素，它们在排队方式的层面上是不同的，但在选择方式的层面上是相同的。

基于这种考虑，如果从中去掉相同的元素，就能得到从四人之中选择三人的选择方式，仅为以下四种。

$$\{ABC, \ ABD, \ ACD, \ BCD\}$$

排队方式为 6 种，选择方式为 1 种

从四人之中选择三人去排队拍照的排队方式数量为 24，因为其中每六种不同的排队方式对应同一种选择方式，所以选择方式的数量为排队方式的数量 24 除以 6，即 4。

　　我们也可以采取以下方式得到从 A、B、C、D 四人中选择三人的所有选择方式。

　　从 A、B、C、D 四人中选择三人也就相当于从 A、B、C、D 四人中去掉一人。于是，根据去掉 A、去掉 B、去掉 C、去掉 D 这四种情况，可以得到以下四种选择方式。

$$\{BCD, ACD, ABD, ABC\}$$

3. 并集与交集

可能性的集合 I 包含子集 X、Y

我们在前面已经了解到，从 A、B、C、D 四人中选择两人的选择方式的集合为下面的 I。

$$I = \{AB, AC, AD, BC, BD, CD\}$$
$$X = \{AB, AC, AD\}$$
$$Y = \{AB, BC, BD\}$$

让我们思考从四人之中选择两人时，其中包含 A 的集合是怎样的。在这种情况下，该集合为上面的 X。另外，其中包含 B 的集合则为上面的集合 Y。

当然，X 的元素全部都是 I 的元素。Y 的元素也全部都是 I 的元素。

我们把这种情况叫作 I 包含 X、Y，或 X、Y 包含于 I，用符号表示如下。

$$I \supset X$$
$$I \supset Y$$

另外，我们也可以说 X、Y 是 I 的子集。

子集 X 与子集 Y 的并集

那么，当令选择 A 的集合为 X、选择 B 的集合为 Y 时，选择 A 或 B 的集合又是怎样的呢？

所谓选择 A 或 B 的情况，是指该集合的元素属于选择 A 的集合 X，或者属于选择 B 的集合 Y。

对于两个集合 X 和 Y 而言，由这两个集合的所有元素合并在一起组成的集合叫作 X 与 Y 的并集，用符号表示如下。

$$X = \{AB, AC, AD\}$$
$$Y = \{AB, BC, BD\}$$
$$X \cup Y = \{AB, AC, AD, BC, BD\}$$

并集的维恩图

我们可以用一种叫作维恩图的草图来直观地表示 X 与 Y 的并集。首先，用一个长方形的内部表示所有可能性的集合 I。然后，用长方形内的圆形的内部表示它的子集 X 和 Y。

于是，下页图中画斜线的部分就表示两个集合 X 与 Y 的并集。

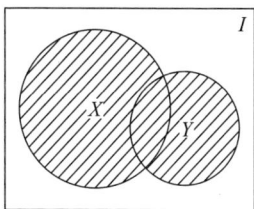

$X = \{AB, AC, AD\}$

$Y = \{AB, BC, BD\}$

$X \cup Y = \{AB, AC, AD, BC, BD\}$

$X \cup Y$

子集 X 与子集 Y 的交集

那么，当令选择 A 的集合为 X、选择 B 的集合为 Y 时，同时选择 A 和 B 的集合又是怎样的呢？

所谓同时选择 A 和 B 的情况，是指该集合的元素既属于选择 A 的集合 X，也属于选择 B 的集合 Y。

对于两个集合 X 和 Y 而言，由所有属于集合 X 且属于集合 Y 的元素所组成的集合叫作 X 与 Y 的交集，用符号表示如下。

$$X = \{AB, AC, AD\}$$

$$Y = \{AB, BC, BD\}$$

$$X \cap Y = \{AB\}$$

如果用维恩图来表示两个集合 X 与 Y 的交集，就需先用一个长方形的内部表示所有可能性的集合 I。若用长方形内的两个圆形来表示它的子集 X 和 Y，则 X 与 Y 的交集为下页顶图中画斜线的部分。

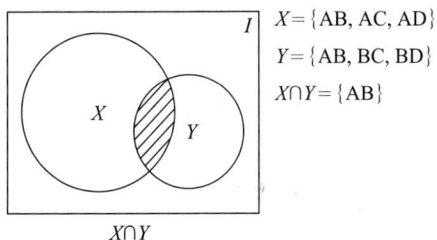

$X = \{AB, AC, AD\}$
$Y = \{AB, BC, BD\}$
$X \cap Y = \{AB\}$

$X \cap Y$

完全不相交的情况

然而，有一种情况是不存在同时属于两个集合 X 与 Y 的元素。若用维恩图来表示这种情况，则表示 X、Y 的两个圆形不重叠。我们用符号 $\varnothing$ 表示这种不包含任何元素的集合。如果想用大括号的形式来表示这种集合，则在其内部不写任何内容，如下所示。

$$\varnothing = \{\ \}$$

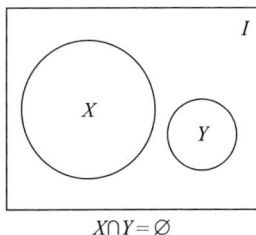

$X \cap Y = \varnothing$

4. 补集

属于 I 但不属于 X 的元素的集合

我们在研究从 A、B、C、D 四人之中选择两人的选择方式时，令该集合为 I，其中用集合 X 表示选择 A 的情况，用集合 Y 表示选择 B 的情况。

那么，在可能性的集合 I 中，不选择 A 的情况是怎样的集合呢？

所谓不选择 A 的情况，是指该集合的元素属于可能性的集合 I，但不属于选择 A 的集合 X。

X 相对于 I 的补集为 X'

当 X 为 I 的子集时，由属于 I 但不属于 X 的元素构成的集合叫作 X 相对于 I 的补集，用符号 X' 表示。Y 相对于 I 的补集也是如此，用符号 Y' 表示。

在用维恩图表示 X 相对于 I 的补集 X' 时，若用长方形的内部表示 I、长方形内的圆的内部表示 X，则 X 相对于 I 的补集 X' 为 I 的内部、圆的外部，也就是下页顶图中画斜线的部分。

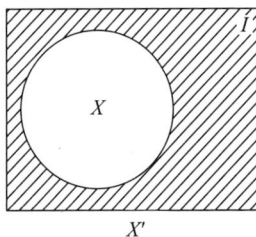

$$I = \{AB, AC, AD, BC, BD, CD\}$$
$$X = \{AB, AC, AD\}$$
$$Y = \{AB, BC, BD\}$$

由此可知

$$X' = \{BC, BD, CD\}$$
$$Y' = \{AC, AD, CD\}$$

Y 相对于 I 的补集 Y' 的维恩图也是如此。

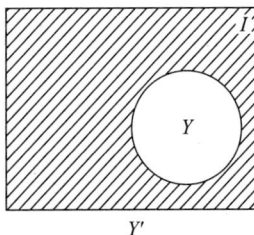

德·摩根定律 1

前文讲述的并集、交集和补集这三者之间的关系，都遵循德·摩根定律。

该定律的第一个公式为 $(X \cup Y)' = X' \cap Y'$。

也就是说，X 与 Y 的并集的补集等于 X 的补集 X' 与 Y 的补集 Y' 的交集。以前面的例子来说明，运算过程如下，因此该定律确实成立。

$$I = \{AB, AC, AD, BC, BD, CD\}$$
$$X = \{AB, AC, AD\}$$
$$Y = \{AB, BC, BD\}$$

由此可知

$$X \cup Y = \{AB, AC, AD, BC, BD\}$$
$$(X \cup Y)' = \{CD\}$$

又因为

$$X' = \{BC, BD, CD\}$$
$$Y' = \{AC, AD, CD\}$$

所以

$$X' \cap Y' = \{CD\}$$

利用维恩图或许是证明该定律的最佳方法。

利用维恩图的证明方法

首先，画出 X 与 Y 的并集，然后将其补集画上斜线。接下来，分别画出 X 的补集 X' 和 Y 的补集 Y'，它们的交集如下页第三排图所示。因此，通过对比这些维恩图，以上的德·摩根定律 1 就一目了然了。

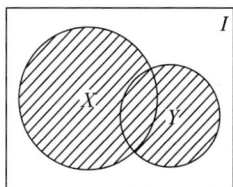

$X \cup Y$

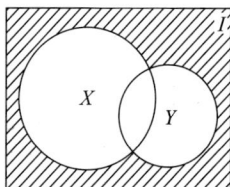

$(X \cup Y)'$

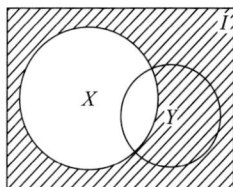

X'

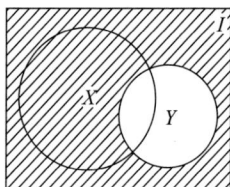

Y'

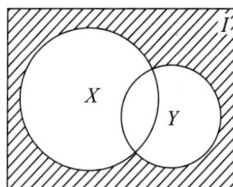

$X' \cap Y'$

德·摩根定律 2

德·摩根定律的第二个公式为 $(X \cap Y)' = X' \cup Y'$。

我们同样用维恩图来证明该定律。

首先，画出 X 与 Y 的交集，然后将其补集画上斜线。接下来，分别画出 X 的补集 X' 和 Y 的补集 Y'，它们的并集如下面第三排图所示。于是，通过对比这些维恩图便能证明德·摩根定律 2。

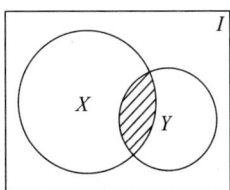

$X \cap Y$

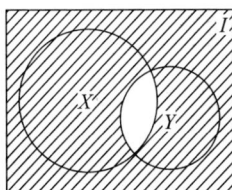

$(X \cap Y)'$

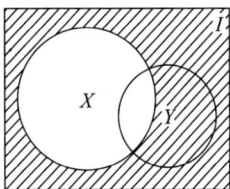

X'

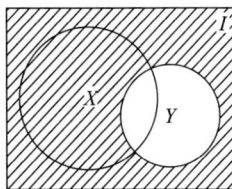

Y'

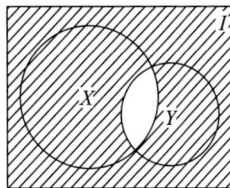

$X' \cup Y'$

5. 逻辑学与集合的关系

命题为真的集合

把一个骰子投掷到桌子上，骰子的点数为 1、2、3、4、5、6 中的一个。因此，我们可以得到下面这个关于可能性的集合 I。

$$I = \left\{ \boxed{\,\cdot\,}, \boxed{\begin{smallmatrix}\cdot\\\cdot\end{smallmatrix}}, \boxed{\,\cdots\,}, \boxed{::}, \boxed{::\cdot}, \boxed{:::} \right\}$$

接下来，让我们来思考骰子的点数为奇数的情况。

我们把这种判断某一件事情的陈述句叫作命题。在此用 p 表示该命题。

相对于可能性的集合 I 的各个元素，命题 p 为真或假。如果现在只考虑命题 p 为真的情况，那么结果为集合 P。

$$P = \left\{ \boxed{\,\cdot\,}, \boxed{\,\cdots\,}, \boxed{::\cdot} \right\}$$

这种命题 p 为真命题的集合叫作命题 p 的真理集合。

两个命题的析取

一般情况下，我们用与命题 p 对应的大写字母 P 来表示它的真理集合。例如，若令"点数比 3 大"这个命题为 q，则它的真理集合 Q 如下所示。

$$Q = \{\ \boxed{::}\ ,\ \boxed{\vdots}\ ,\ \boxed{::}\ \}$$

当存在两个命题 p 和 q 时，我们可以将二者组成"p 或者 q"的新命题。对于前面的例子而言，可以组成"点数为奇数或者比 3 大"这个新命题。

我们称其为两个命题 p 和 q 的析取，用以下符号表示。

$$p \vee q$$

若两个命题 p 和 q 之中有一方为真命题，则它们的析取为真命题；若双方均为假命题，则它们的析取为假命题。

析取与并集

那么，当命题 p 的真理集合为 P、命题 q 的真理集合为 Q 时，它们的析取"p 或者 q"的真理集合是怎样的呢？

对于前面的例子而言，因为 p 与 q 的析取"p 或者 q"为"点数为奇数或者比 3 大"，所以新命题的真理集合中的元素为属于 P 或 Q 的元素，也就是说结果为 P 与 Q 的并集。

$$I = \{\ \boxdot\ ,\ \boxdot\ ,\ \boxdot\ ,\ \boxdot\ ,\ \boxdot\ ,\ \boxdot\ \}$$

$$P = \{\ \boxdot\ ,\ \boxdot\ ,\ \boxdot\ \}$$

$$Q = \{\ \boxdot\ ,\ \boxdot\ ,\ \boxdot\ \}$$

$$P \cup Q = \{\ \boxdot\ ,\ \boxdot\ ,\ \boxdot\ ,\ \boxdot\ ,\ \boxdot\ \}$$

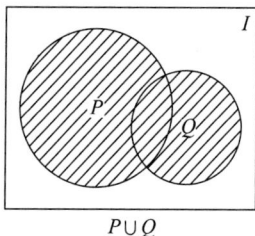

$$P \cup Q$$

一般来说，当命题 p 的真理集合为 P、命题 q 的真理集合为 Q 时，它们的析取"p 或者 q"的真理集合为 P 与 Q 的并集。

两个命题的合取

另外，当存在两个命题 p 和 q 时，我们可以将二者组成"p 并且 q"的新命题。对于前面的例子而言，可以组成"点数为奇数并且比 3 大"这个新命题。

我们称其为两个命题 p 和 q 的合取，用以下符号表示。

$$p \wedge q$$

若两个命题 p 和 q 均为真命题，则它们的合取为真命题；若其中有一方为假命题，则它们的合取为假命题。

那么，当命题 p 的真理集合为 P、命题 q 的真理集合为 Q 时，它们的合取"p 并且 q"的真理集合是怎样的呢？

合取与交集

对于前面的例子而言，因为 p 与 q 的合取"p 并且 q"为"点数为奇数并且比 3 大"，所以新命题的真理集合中的元素为属于 P 并且属于 Q 的元素，换句话说，就是结果为 P 与 Q 的交集。

$$I = \{ \boxed{\,\cdot\,}, \boxed{\,\because\,}, \boxed{\,\therefore\,}, \boxed{\,::\,}, \boxed{\,\because\cdot\,}, \boxed{\,:::\,} \}$$

$$P = \{ \boxed{\,\cdot\,}, \boxed{\,\therefore\,}, \boxed{\,\because\cdot\,} \}$$

$$Q = \{ \boxed{\,\because\,}, \boxed{\,::\,}, \boxed{\,:::\,} \}$$

$$P \cap Q = \{ \boxed{\,\because\cdot\,} \}$$

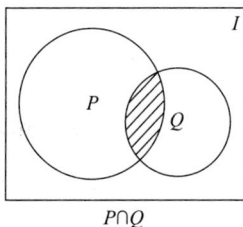

$P \cap Q$

一般来说，当命题 p 的真理集合为 P、命题 q 的真理集合为 Q 时，它们的合取"p 并且 q"的真理集合为 P 与 Q 的交集。

命题的否定

另外，我们可以由一个命题 p 得到"非 p"的新命题。对于前面的例子而言，可以得到"点数非奇数"这个新命题。

我们称其为命题 p 的否定，用以下符号表示。

$$\neg p$$

当命题 p 为真命题时，命题 p 的否定为假命题；当命题 p 为假命题时，命题 p 的否定为真命题。

那么，当命题 p 的真理集合为 P 时，它的否定"非 p"的真理集合是怎样的呢？

否定与补集

对于前面的例子而言，因为 p 的否定"非 p"为"点数非奇数"，所以新命题的真理集合中的元素为不属于 P 的元素，也就是说结果为 P 的补集 P'。

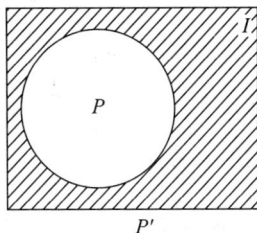

一般来说，当命题 p 的真理集合为 P 时，p 的否定"非 p"的真理集合为 P 相对于 I 的补集 P'。

6. 布尔代数与开关电路

集合 I 与 $\varnothing$ 的并集、交集、补集

下面我们把仅含一个元素 a 的集合视为最简单的集合。若用 I 表示该集合，I 的子集则为 I 本身和不含任何元素的空集 $\varnothing$。

$$I = \{a\}$$
$$\varnothing = \{\ \}$$

对 I 与 $\varnothing$ 取如下并集操作，其结果为

$$I \cup I = \{a\} = I$$
$$I \cup \varnothing = \{a\} = I$$
$$\varnothing \cup I = \{a\} = I$$
$$\varnothing \cup \varnothing = \{\ \} = \varnothing$$

对 I 与 $\varnothing$ 取如下交集操作，其结果为

$$I \cap I = \{a\} = I$$
$$I \cap \varnothing = \{\ \} = \varnothing$$
$$\varnothing \cap I = \{\ \} = \varnothing$$
$$\varnothing \cap \varnothing = \{\ \} = \varnothing$$

I 与 $\varnothing$ 各自的补集为

$$I' = \{\ \} = \varnothing$$
$$\varnothing' = \{a\} = I$$

1 加 1 等于 1？

下面我来讲一些有趣的内容吧。若把集合 I 写为 1、空集 $\varnothing$ 写为 0，用 + 表示取并集，用 × 表示取交集，则前面集合间的运算可以表示为以下结果。

$$1 + 1 = 1$$
$$1 + 0 = 1$$
$$0 + 1 = 1$$
$$0 + 0 = 0$$

$$1 \times 1 = 1$$
$$1 \times 0 = 0$$
$$0 \times 1 = 0$$
$$0 \times 0 = 0$$

$$0' = 0$$
$$1' = 1$$

这里与众所周知的运算法则的不同之处有两点：一是 1 加 1 不等于 2，而是等于 1；二是增加了"加撇"的运算法则。

英国数学家布尔（1815—1864）发现了这种奇妙的运算法则，并在此基础上发明了以他的姓氏命名的布尔代数。

我们可以用开关电路来表示布尔代数的运算法则。

把布尔代数视为开关电路

具体来说，就是用 1 表示接通电流的状态，用 0 表示切断电流的状态。对于电路之间安装开关的情况而言，1 相当于开关处于闭合状态，0 则相当于开关处于断开状态。

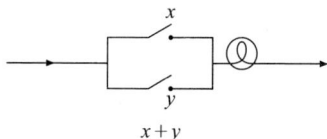

$$x+y$$

只要在上图中设定两个并联的开关 x 和 y，就能进行布尔代数的加法运算。实际上，对这个开关电路而言，只要 x 和 y 其中一方为 1，也就是 x 和 y 其中一方闭合，就能接通电流，使答案为 1。若使 x 和 y 如下图所示那样串联，就能进行布尔代数的乘法运算。

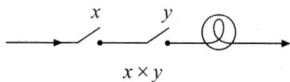

$$x \times y$$

二进制

电子计算机就是以布尔代数与电路的关系为基础开发出来的。

布尔代数的基本元素包含 0 和 1，那么，我们熟悉的代数中也有由 0 和 1 构成的运算吗？当然有了。那就是仅用 0 和 1 表示的二进制代数。

首先，1 即为 1。然后，2 虽然为 1 加 1 的结果，但是二进制要求逢二进一，所以进位后的 2 为

$$
\begin{array}{r}
1 \\
+\ 1 \\
\hline
1\ 0
\end{array}
$$

接下来是 3，3 为在此基础上加 1，即为

$$
\begin{array}{r}
1\ 0 \\
+\ \ \ 1 \\
\hline
1\ 1
\end{array}
$$

下面是 4，在此基础上再加 1 后为

$$
\begin{array}{r}
1\ 1 \\
+\ \ \ 1 \\
\hline
1\ 0\ 0
\end{array}
$$

想必大家已经意识到，这里 1 加 1 需要进位。下面是 5，进一步加 1 后为

$$
\begin{array}{r}
1\ 0\ 0 \\
+\ \ \ \ \ 1 \\
\hline
1\ 0\ 1
\end{array}
$$

所谓二进制就是指按照以上这种计算方法表示数

字的记数方法。下面是十进制与二进制的对照表。

十进制	二进制
1	1
2	1 0
3	1 1
4	1 0 0
5	1 0 1
6	1 1 0
7	1 1 1
8	1 0 0 0
9	1 0 0 1
1 0	1 0 1 0
1 1	1 0 1 1
1 2	1 1 0 0
1 3	1 1 0 1
1 4	1 1 1 0
1 5	1 1 1 1
1 6	1 0 0 0 0
1 7	1 0 0 0 1
1 8	1 0 0 1 0
1 9	1 0 0 1 1
2 0	1 0 1 0 0

该表清晰地展示了二进制中右数第一位的 1 对应十进制的 1，右数第二位的 1 对应十进制的 2，右数第三位的 1 对应十进制的 4，右数第四位的 1 对应十进制的 8，右数第五位的 1 对应十进制的 16……

于是，把若干个灯泡如下页图所示并排摆放，并约定若灯泡灭则表示该数位为 0，若灯泡亮则表示该数位为 1，那么利用二进制的记数方法可以表示任何数。下面的例子表示十进制中的 19。

$$1 \quad 0 \quad 0 \quad 1 \quad 1$$

电子计算机的原理

综上所述，布尔代数中的加法和乘法为

$$1 + 1 = 1$$
$$1 + 0 = 1$$
$$0 + 1 = 1$$
$$0 + 0 = 0$$

$$1 \times 1 = 1$$
$$1 \times 0 = 0$$
$$0 \times 1 = 0$$
$$0 \times 0 = 0$$

二进制中的加法和乘法为

$$1 + 1 = 1\,0$$
$$1 + 0 = 1$$
$$0 + 1 = 1$$
$$0 + 0 = 0$$

$$1 \times 1 = 1$$
$$1 \times 0 = 0$$
$$0 \times 1 = 0$$
$$0 \times 0 = 0$$

由此可见，在乘法运算方面，布尔代数和二进制的计算结果相同。因此，对于乘法运算而言，若直接利用布尔代数与开关电路的关系设定下图所示电路，则 x 与 y 的乘法运算结果对应着灯泡灭为 0，灯泡亮为 1。

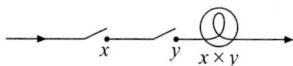

但是，二者在加法运算方面就略有不同了。首先，我们应该注意的第一点是布尔代数的计算结果总是一位数，而二进制的计算结果会出现两位数。

因此，二进制计算结果的表示方法与布尔代数不同，若要表示第一位和第二位的计算结果，需要用到两个灯泡。

	第二位	第一位
$1 + 1 = 1$		0
$1 + 0 = 0$		1
$0 + 1 = 0$		1
$0 + 0 = 0$		0

若只看二进制加法计算结果的第二位，则与乘法计算结果相同。因此，我们能在与乘法计算相同的电路中发现这种结果。于是，剩下的问题就是设计出能够恰好给出下表所示结果的开关电路，使其满足 x、y 栏中 1 表示闭合开关，0 表示断开开关，第一位栏中的 1 表示灯泡亮，0 表示灯泡灭。

x	y	第一位
1	1	0
1	0	1
0	1	1
0	0	0

上图所示的开关电路便能实现这样的计算结果。请你尝试思考一下闭合 x、y 两个开关时灯泡灭，闭合其中一个开关但断开另外一个开关时灯泡亮，断开两个开关时灯泡灭的情况。

因此，用两个灯泡表示二进制中 x 加 y 的结果的开关电路可以设计成下页图所示的形式。

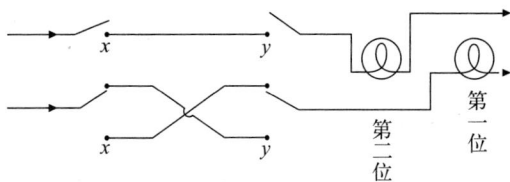

这就是电子计算机的工作原理。

第 7 章 概率论

1. 概率论的历史

关于骰子点数之和的下注

前文在介绍三次方程的内容中，出现过卡尔达诺的名字。数学家卡尔达诺曾撰写大量关于代数学、天文学和物理学的学术著作。

另外，卡尔达诺还是一位职业下注师。他也撰写过关于下注的书，其中就包括下面这个问题：

"投掷两个骰子，对掷出的点数之和下注。那么，下注点数之和为多少胜算最大呢？"

为了全面思考这个问题，我们先来想一想投掷两个骰子时出现点数的可能性的集合。

当第一个骰子的点数为 1 时，第二个骰子会出现点数为 1、2、3、4、5、6 的情况；当第一个骰子的点数为 2 时，第二个骰子会出现点数为 1、2、3、4、5、6 的情况。以此类推，投掷两个骰子时出现点数的可能性的集合如下。

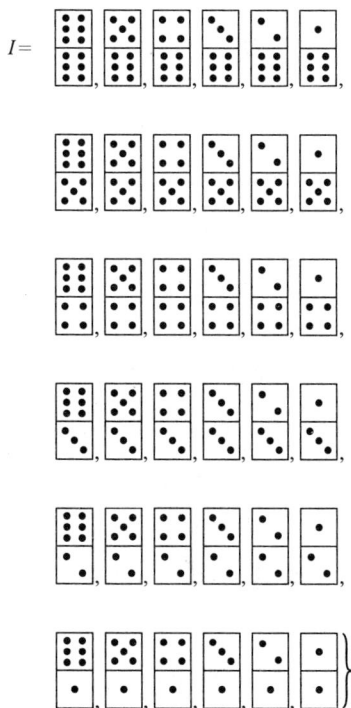

关于该集合的分类讨论

如果令命题"两个骰子点数之和为 2"的真理集合为 P_2，命题"两个骰子点数之和为 3"的真理集合为 P_3……命题"两个骰子点数之和为 12"的真理集合为 P_{12}，就能得到以下结果。

$$P_2 = \left. \begin{array}{c} \end{array} \right\}$$

$$P_3 = \left. \begin{array}{c} \end{array} \right\}$$

$$P_4 = \left. \begin{array}{c} \end{array} \right\}$$

$$P_5 = \left. \begin{array}{c} \end{array} \right\}$$

$$P_6 = \left. \begin{array}{c} \end{array} \right\}$$

$$P_7 = \left. \begin{array}{c} \end{array} \right\}$$

$$P_8 = \left. \begin{array}{c} \end{array} \right\}$$

$$P_9 = \left. \begin{array}{c} \end{array} \right\}$$

$$P_{10} = \left. \begin{array}{c} \end{array} \right\}$$

$$P_{11} = \left. \begin{array}{c} \end{array} \right\}$$

$$P_{12} = \left. \begin{array}{c} \end{array} \right\}$$

胜算最大的点数之和为 7

显然，可能性的集合共包含 36 个元素，其中 P_2 包含 1 个元素，P_3 包含 2 个元素，P_4 包含 3 个元素······P_7 包含 6 个元素······P_{11} 包含 2 个元素，P_{12} 包含 1 个元素，所以结果一目了然：下注点数之和为 7 的胜算最大。

继卡尔达诺之后，著名科学家伽利略（1564—1642）也研究了使用骰子下注的得失问题。

后来，帕斯卡和费马也研究了骰子下注的得失问题，并将其提升为一种数学理论，那就是概率论。在此期间，雅各布·伯努利（1654—1705）和拉普拉斯（1749—1827）等数学家也在概率论的发展过程中做出了重大贡献。

2. 概率的定义

胜算点数的数字化

我们在前面得出结论：投掷两个骰子时，若对点数之和下注，则下注 7 的胜算最大。

下面让我们用数字来表示下注的胜算。我们还利用前面的例子，先研究可能性的集合问题。

这个可能性的集合包含 36 个元素，其中每个元素出现的预期，也就是概率都是一样的，即为 $\frac{1}{36}$。这种数叫作各个元素的比重。

对于可能性集合的子集而言，子集中各元素的比重相加得到的数值叫作该子集的测度。例如，前面提到的各个子集的测度如下。

$P_2:\ \dfrac{1}{36}$

$P_3:\ \dfrac{1}{36}+\dfrac{1}{36}=\dfrac{1}{18}$

$P_4:\ \dfrac{1}{36}+\dfrac{1}{36}+\dfrac{1}{36}=\dfrac{1}{12}$

$P_5:\ \dfrac{1}{36}+\dfrac{1}{36}+\dfrac{1}{36}+\dfrac{1}{36}=\dfrac{1}{9}$

$$P_6: \frac{1}{36} + \frac{1}{36} + \frac{1}{36} + \frac{1}{36} + \frac{1}{36} = \frac{5}{36}$$

$$P_7: \frac{1}{36} + \frac{1}{36} + \frac{1}{36} + \frac{1}{36} + \frac{1}{36} + \frac{1}{36} = \frac{1}{6}$$

$$P_8: \frac{1}{36} + \frac{1}{36} + \frac{1}{36} + \frac{1}{36} + \frac{1}{36} = \frac{5}{36}$$

$$P_9: \frac{1}{36} + \frac{1}{36} + \frac{1}{36} + \frac{1}{36} = \frac{1}{9}$$

$$P_{10}: \frac{1}{36} + \frac{1}{36} + \frac{1}{36} = \frac{1}{12}$$

$$P_{11}: \frac{1}{36} + \frac{1}{36} = \frac{1}{18}$$

$$P_{12}: \frac{1}{36}$$

概率为真理集合的测度

那么，对于命题"两个骰子点数之和为 2"而言，它的真理集合为 P_2。这个真理集合的测度就是该命题的概率。

因此，根据前面的列表可知，"两个骰子点数之和为 2"这个命题的概率为 $\frac{1}{36}$。

另外，对于"两个骰子点数之和为 5"的命题而言，因为它的真理集合的测度为 $\frac{1}{9}$，所以该命题的概率为 $\frac{1}{9}$。

同理可知，命题"两个骰子点数之和为 6"的概率为 $\frac{5}{36}$，命题"两个骰子点数之和为 7"的概率为 $\frac{1}{6}$，命题"两个骰子点数之和为 8"的概率为 $\frac{5}{36}$……因此，在这些命题中，概率最大的是"两个骰子点数之和为 7"这个命题。

这就是把胜算点数数字化的结果。

下面我们再来看一个例子。

三局两胜一负的概率

"实力不相上下的两支队伍 A 和 B 连续进行三局比赛。求解比赛以 A 队两胜一负收场的概率。"

我们效仿前面的例子，先考虑出现这种可能性的集合 I，从 A 队的角度来看，结果如下图所示。因为两支队伍实力相当，所以这个可能性集合的各个元素的预期全都相同。因为这个可能性集合包含 8 个元素，所以可向各个元素赋予 $\frac{1}{8}$ 的比重。

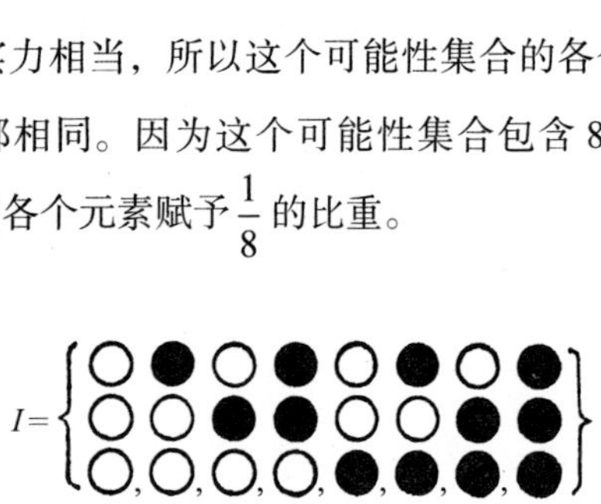

接下来，思考命题"三局比赛以 A 队两胜一负收场"的真理集合，结果如下图所示。这个真理集合包含 3 个元素，所以它的测度为 $\frac{3}{8}$。最终，这三局比赛以 A 队两胜一负收场的概率为 $\frac{3}{8}$。

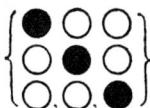

$$\left\{\begin{matrix} ● & ○ & ○ \\ ○ & ● & ○ \\ ○ & ○ & ● \end{matrix}\right\}$$

3. 概率的定理

表示"概率为真理集合的测度"的符号

假设可能性的集合为 I，命题 p 的真理集合为 P。

我们用符号 $\Pr(p)$ 表示命题 p 的概率，它的定义如下：首先，向可能性集合的各个元素赋予比重，令所有比重对应的数之和为 1；然后，令该集合的子集中的元素比重之和对应测度的数值。这里用符号 $m(P)$ 表示集合 P 的测度。

那么，命题 p 的概率就是 p 的真理集合的测度，表示为

$$\Pr(p) = m(P)$$

同理，若令命题 q 的真理集合为 Q，则

$$\Pr(q) = m(Q)$$

两个命题中一方为真命题的概率

当有两个命题 p 和 q 时，我们可以研究命题"p 或者 q"和命题"p 并且 q"的概率。

当令 p 的真理集合为 P、q 的真理集合为 Q 时，"p 或者 q"的真理集合为 P 与 Q 的并集。因此，命题"p

或者 q "的概率为

$$\Pr(p \lor q) = m(P \cup Q)$$

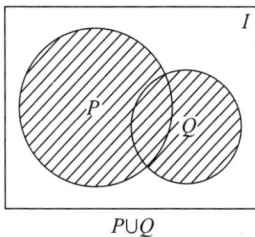

$P \cup Q$

两个命题同时为真命题的概率与命题的否定的概率

当令 p 的真理集合为 P、q 的真理集合为 Q 时,"p 并且 q"的真理集合为 P 与 Q 的交集。因此,命题"p 并且 q"的概率为

$$\Pr(p \land q) = m(P \cap Q)$$

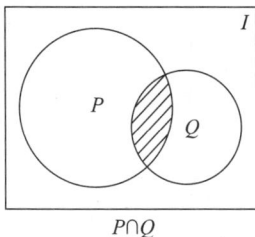

$P \cap Q$

当令 p 的真理集合为 P 时,"非 p"的真理集合为 P 的补集 P'。因此,命题"非 p"的概率为

$$\Pr(\neg p) = m(P')$$

两个真理集合的并集的测度

那么，当我们已知命题 p 的概率和命题 q 的概率时，命题"p 或者 q"的概率与命题"p 并且 q"的概率是怎样的关系呢？

我们只要掌握各个真理集合 P 与 Q 的并集的测度，以及 P 与 Q 的交集的测度，就能回答这个问题。

于是，我们需要做的就是画出维恩图。在求 P 与 Q 的并集的测度时，若 P 的测度与 Q 的测度直接相加，将会导致 P 与 Q 交集中的元素的比重重复计算两次，所以最后再减去 P 与 Q 交集的测度即可。换成概率的表述则为

$$\Pr(p \lor q) = \Pr(p) + \Pr(q) - \Pr(p \land q)$$

也就是说，命题"p 或者 q"的概率等于命题 p 的概率加上命题 q 的概率，再减去命题"p 并且 q"的概率。

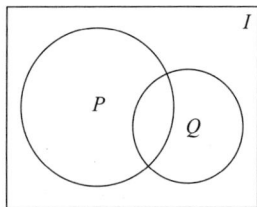

$$m(P \cup Q) = m(P)$$
$$+ m(Q) - m(P \cap Q)$$

概率的加法定理

下面我们来思考 p 的真理集合 P 与 q 的真理集合 Q 没有任何共同元素的情况。这就意味着命题 p 与命题 q 不能同时成立。这种情况叫作 p 与 q 互不相容。

p 与 q 互不相容即为 P 与 Q 没有任何共同元素,所以 P 与 Q 的交集为空集。当然,空集的测度为 0,所以 P 与 Q 的并集、P、Q 的测度之间的关系如下图所示。

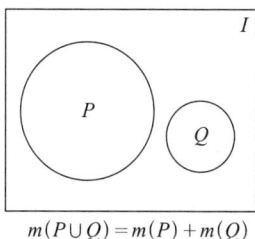

$$m(P \cup Q) = m(P) + m(Q)$$

若转换成概率的表述,则为如果命题 p 与 q 互不相容,那么

$$\Pr(p \vee q) = \Pr(p) + \Pr(q)$$

这就是概率的加法定理。

当两个命题中的一方成立时

下面我们来思考"当命题 p 成立时,命题 q 的概率是多少"的问题。虽然最初的可能性集合为 I,但是

如果命题 p 成立，可能性集合就会从 I 变成 p 的真理集合 P。

因此，在这种情况下，需向 P 的各个元素重新赋予和为 1 的比重。P 的元素原来的比重除以 P 的测度即为新的比重。实际上

P 的元素原来的比重之和

$= m(P)$

P 的元素新比重之和

$$= \frac{m(P)}{m(P)}$$

$$= 1$$

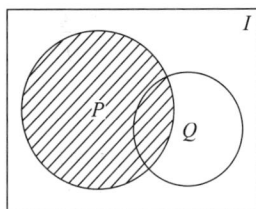

那么，"当 p 成立时，q 也同时成立"这个命题的真理集合为 P 与 Q 的交集。因此，原来的测度为

$$m(P \cap Q)$$

新测度为

$$\frac{m(P \cap Q)}{m(P)}$$

另一个命题的概率

当命题 p 成立时，若用以下符号表示命题 q 的概率，

$$\Pr(q \backslash p)$$

则该结果可写为

$$\Pr(q \backslash p) = \frac{\Pr(p \wedge q)}{\Pr(p)}$$

若命题 q 的概率不受命题 p 成立与否的影响，则称命题 q 是独立于命题 p 的。在这种情况下，前面的等式为

$$\Pr(q) = \frac{\Pr(p \wedge q)}{\Pr(p)}$$

所以可写为

$$\Pr(p \wedge q) = \Pr(p) \times \Pr(q)$$

也就是说，"若 q 是独立于 p 的，则当 p 成立时，q 也同时成立的概率等于 p 的概率与 q 的概率的乘积"。

这个定理叫作概率的乘法定理。

命题 p 与它的否定 $\neg p$ 的概率之和为 1

若令命题 p 的真理集合为 P，则 p 的否定 $\neg p$ 的真理集合为 P'。因为可能性集合的元素比重全部相加的

结果应为 1，所以 P 的测度与 P' 的测度相加的结果应为 1。

$$m(P) + m(P') = 1$$

若换成概率的表述，则为命题 p 的概率与命题 p 的否定 $\neg p$ 的概率相加等于 1。

$$\Pr(p) + \Pr(\neg p) = 1$$

4. 概率定理的应用

发生故障的自动售货机

下面我们来解决两个应用问题。

假设有一个发生了故障的口香糖自动售货机。若向其投入钱币，该自动售货机发放口香糖的概率为 $\frac{1}{3}$，退回钱币的概率为 $\frac{1}{4}$，没有任何反应的概率为 $\frac{1}{2}$。那么，向这个自动售货机投入钱币时，它既发放口香糖，也退回钱币的概率是多少呢？

当我们向这个自动售货机投入钱币时，如果用 p 表示命题"发放口香糖"、q 表示命题"退回钱币"，那么命题"没有任何反应"该如何表示呢？所谓"没有任何反应"就是指"发放口香糖或者退回钱币"的否定。因此，"没有任何反应"是 p 与 q 的析取的否定，用符号表示如下。

$$\neg (p \vee q)$$

因为这个否命题的概率为 $\frac{1}{2}$，所以 p 与 q 的析取的概率也为 $\frac{1}{2}$。因此，问题的已知条件为

$$Pr(p) = \frac{1}{3}$$

$$Pr(q) = \frac{1}{4}$$

$$Pr(p \vee q) = \frac{1}{2}$$

我们要求解的是自动售货机发放口香糖并且退回钱币的命题的概率，也就是 p 与 q 的合取的概率。根据前文的公式和下面的计算可知，所求的概率为 $\frac{1}{12}$。

$$Pr(p \wedge q) = Pr(p) + Pr(q) - Pr(p \vee q) = \frac{1}{3} + \frac{1}{4} - \frac{1}{2} = \frac{1}{12}$$

那么，下面的问题又该怎么解决呢？

抽签是先抽更有优势吗？

"十个签中有三个是幸运签。求第一个抽签的人和第二个抽签的人抽中幸运签的概率。"

因为可能性集合包含 10 个元素，而它的真理集合包含 3 个元素，所以第一个抽签的人抽中幸运签的概率显然为 $\frac{3}{10}$。

对于第二个抽签的人抽中幸运签的概率，要分以下两种情况来讨论。

（1）第一个人抽中幸运签，第二个人也抽中幸运签。

（2）第一个人没有抽中幸运签，第二个人抽中幸运签。

首先，我们来思考一下（1）的情况。第一个人抽中幸运签的概率为 $\frac{3}{10}$，在第一个人抽中幸运签的情况下，第二个人抽中幸运签的概率为 $\frac{2}{9}$。因此，根据概率的乘法定理，出现（1）的情况的概率为 $\frac{3}{10}$ 与 $\frac{2}{9}$ 的乘积，即 $\frac{6}{90}$。

然后，我们来思考一下（2）的情况。第一个人没有抽中幸运签的概率为 $\frac{7}{10}$，在第一个人没有抽中幸运签的情况下，第二个人抽中幸运签的概率为 $\frac{3}{9}$。因此，根据概率的乘法定理，出现（2）的情况的概率为 $\frac{7}{10}$ 与 $\frac{3}{9}$ 的乘积，即 $\frac{21}{90}$。

然而，（1）与（2）这两种情况互不相容，根据概率的加法定理，所求的概率为 $\frac{6}{90}$ 与 $\frac{21}{90}$ 之和，即 $\frac{3}{10}$。

因此，对于十个签中有三个是幸运签的抽签而言，第一个抽签的人和第二个抽签的人抽中幸运签的概率是相同的。

后　记

1. 沿着时间的长河不断前行

人类对数的认知过程

我在本书中没有拘泥于计算方法和技巧等细节问题，而是从数学思想史的角度进行了讲述。

首先，第 1 章回顾了我们的祖先如何获得对数的认识，以及在掌握了数的概念之后，双手在计数方面所发挥的作用。

如果没有对数的认知，数学就不会诞生。在数学史上，尤其是在数学思想史上，这无疑是人类迈出的弥足珍贵的第一步。

古代文化遗产

第 2 章讲述了古埃及和古巴比伦的数学概况。通过现存的遗迹，我们了解到古埃及和古巴比伦的数学是古埃及人和古巴比伦人在漫长的历史中积累的宝贵经验。

古老书籍中记载的一个又一个历史事实显示，古代数学源自丰富的历史经验，是弥足珍贵的知识。遗憾的是，当时这些知识仍处于碎片化的初级阶段，没有统一的体系，而且尚未达到被广泛应用的水准。

知识的集合体需要被规整统一后，才能体现应用价值。

数学在古希腊逐步发展成宏大的学问

第 2 章提到的泰勒斯是对过去那些不成体系的经验性知识进行整合的第一位数学家。根据泰勒斯的传记可知，他曾在古埃及留学，想必他从古埃及人那里学到了很多知识。但是，他并没有把这些知识作为互不相干的独立个体进行学习和吸收，而是充分发挥了他那崇尚逻辑的精神，经过深入分析研究，创立了几何学这门学问。

如今中学课堂中的几何学内容基本都是泰勒斯及后来涌现的毕达哥拉斯、欧几里得、阿基米德和阿波罗尼奥斯等数学家的研究成果。

现在的初高中生常对过于抽象的几何学无所适从。但是，几何学并非为了抽象而抽象。知识就是通过规整和充分研究才形成了宏大的学问，并开辟出那些碎片化知识的发现者都意想不到的应用之路。希望大家能充分理解这一点。

文艺复兴时期的思潮

第 3 章中，前面的三个小节讲述了 0 的发现、方程和对数等数学思想的发展，后面的内容再次讲述了泰勒斯以来的几何学思潮。

这一章最后讲述的射影几何学是文艺复兴时期在意大利兴起的实用几何学的产物。射影这一巧妙的想法成为几何学概念发生重大变革的契机。

射影几何学在广义相对论、量子场论等现代物理学中也有广泛应用。

解析几何学与微积分的快速发展

第 4 章对 17 世纪创立的解析几何学和微积分进行了简要介绍，在讲述方式上尽量省略计算技巧等细节，着重讲解相关观点和思想。

数学是科学技术的基础，而解析几何学与微积分可以说是构成这一基础的核心数学思想。一般情况下，谈及解析几何学和微积分时，我们往往容易关注它们的细枝末节，却忽视基本概念。因此，我在本书中专门讲述了其概念和思想。

自 17 世纪微积分问世以来，数学家在该领域辛勤耕耘、开拓进取。经过 17、18、19 三个世纪的沉淀，微积分取得了突飞猛进的发展。

在人类史上扮演了划时代的重要角色

如今，我们生活在机械文明高度发达的时代，不仅能享受火车、轮船、汽车、飞机等交通工具带来的便利，还能拥有广播、电视所带来的视听体验，发射人造卫星和登月也不再是天方夜谭。机械文明发展到今天的水平，很大程度上得益于解析几何学和微积分的思想。因此，无论是在数学史上，还是在人类史上，第 4 章所讲述的思想都起到了重要作用。

2. 原地踏步与巨大转变

打破两千年传统的几何学

在数学思想的长河之中，还出现过另一条支流。如前文所述，进入 19 世纪后，数学取得了长足发展，然而，数学家并没有一味地推动数学向前迈进，而是试图停下脚步，努力巩固数学的基础。

正如本书关于欧几里得几何学的讲述，欧几里得提出的平行公设和几何学在两千多年的历史中被视为独一无二的数学思想，然而，关于平行公设的基础研究直到 19 世纪才开花结果。俄国数学家罗巴切夫斯基和匈牙利数学家鲍耶在否定平行公设后，开创了逻辑上不存在任何矛盾的几何学。

接踵而至的新发现和成果

德国数学家戴德金（1831—1916）对数，尤其是对无理数进行了深入研究，确立了把有理数和无理数统称为实数的理论。

同样来自德国的数学家康托尔通过研究由一堆事物构成的集体，特别是由无穷多个事物构成的集体，彻底阐明了数的本质和无穷的本质。

另外一位德国数学家希尔伯特（1862—1943）从严谨的公理出发，把欧几里得几何学逐步研究透彻，撰写了著名的《几何基础》，并确立了基于公理系统研究数学的学术路线。

象征现代的智慧结晶

以上反映数学家对数学基础进行深入研究的内容，只是 19 世纪后半叶至 20 世纪之间的几个例子。总之，数学在此期间发生了巨变。

本书无法向大家讲述这种新思想层出不穷的全貌，但在最后三章列举了三个极具现代特征的例子。

第 5 章讲述的内容与代数学和几何学略有不同，以一笔画和多面体为例，介绍了充满人类智慧结晶的拓扑学。

第 6 章介绍了由英国数学家布尔种下种子，康托尔完成收获的集合论的一部分内容。

数学由理论研究走向实践应用

第 7 章与第 6 章讲述的集合和逻辑学相结合，深入浅出地解释了概率这个古老的概念。

以上所讲的现代数学，或许可以说是停留在理论研究层面的数学。但是，对于那些乍一看离现实极其遥远的数学概念或成果，数学家坚信它们终将与现实结合，在广阔的应用领域大放异彩。事实上，进入 20 世纪后，现代数学的应用很快走进了人们的生活。

可以说，第 6 章最后讲述的从由集合与逻辑学的关系产生的布尔代数到开关电路的应用，就是最具代表性的例子。后来，它成了电子计算机的基础。

获得高度认可

数学在科学技术中的重要性越来越得到认可，在其他领域也大放异彩，例如普通的商务活动、企业经营、各种计划的制订都离不开数学。

通过阅读本书，我希望你能够了解数学思想的发展脉络，对数学形成清晰的认识，并在此基础上激发你对新的数学思想及其应用的求知欲和好奇心。